科学出版社"十三五"普通高等教育本科规划教材

设施果树栽培

边卫东　主编

科 学 出 版 社

北　京

内 容 简 介

本教材介绍了设施果树促成栽培的基本理论知识，设施类型与基本结构设计要求，设施环境调控技术，优势资源利用与设施类型、种植品种选择的关系，设施果树园地选择与规划，设施果树的建园与栽植，整形修剪与控长促花技术及设施促成栽培技术。涉及树种包括草莓、桃、葡萄、杏、李、甜樱桃六大树种。这六大树种设施栽培面积占我国现有设施果树栽培面积的 90% 以上。本教材紧密结合我国设施果树栽培实际，参考了国内同行研究成果，并融入了编者 20 年的教学经验、科研成果与生产实践。本教材可供高等农林院校、高等职业院校的农学、园艺、设施农业科学与工程等本专科专业使用，也可作为其他专业学生的辅修教材，亦可供农业技术员、种植专业户等参考。

图书在版编目（CIP）数据

设施果树栽培 / 边卫东主编. —北京：科学出版社，2016.10
科学出版社"十三五"普通高等教育本科规划教材
ISBN 978-7-03-050159-2

Ⅰ. ①设… Ⅱ. ①边… Ⅲ. ①果树园艺‐设施农业‐高等学校‐教材 Ⅳ. ① S628

中国版本图书馆 CIP 数据核字（2016）第237879号

责任编辑：丛 楠 王玉时 / 责任校对：张怡君
责任印制：张 伟 / 封面设计：黄华斌

科学出版社 出版
北京东黄城根北街 16 号
邮政编码：100717
http://www.sciencep.com
北京凌奇印刷有限责任公司印刷
科学出版社发行 各地新华书店经销

*

2016 年 10 月第 一 版 开本：787×1092 1/16
2023 年 6 月第七次印刷 印张：11 1/2
字数：273 000

定价：49.80 元
（如有印装质量问题，我社负责调换）

《设施果树栽培》编写人员名单

主　编　边卫东　（河北科技师范学院）

副主编　李　琛　（河北科技师范学院）

参　编（按姓氏笔画排序）

　　　　　刘静波　（河北旅游职业学院）

　　　　　李建军　（河北省临漳县林业局）

　　　　　张会芳　（石家庄市栾城区林业局）

　　　　　董海泉　（唐山市丰南区农牧局）

丛 书 序 一

《国家中长期教育改革和发展规划纲要（2010—2020年）》发布之后，为进一步推动和加强职业院校教师队伍建设，促进职业教育科学发展，教育部、财政部于2011—2015年实施了职业院校教师素质提高计划，在目标任务中明确提出开发100个职教师资本科专业的培养标准、培养方案、核心课程和特色教材，以便完善适应教师专业化要求的职教师资培养培训体系。河北科技师范学院宋士清教授主持的"设施农业科学与工程专业职教师资培养标准、培养方案、核心课程和特色教材开发"即其项目之一。

作为教育部、财政部"职业院校教师素质提高计划职教师资培养资源开发项目专家指导委员会"成员，我曾数次接触宋士清教授主持的这个项目。2014年3月22日，在云南大学"项目阶段成果推进会"上，该项目做了大会典型发言，给我留下了初步印象，感觉该团队是一个严谨、实干、开拓、创新的团队。特别是在2015年9月20日，我受邀到河北科技师范学院参加该校组织召开的"培养开发包项目汇报研讨会暨项目结题验收准备会"，听了该项目的汇报，顿觉眼睛一亮，切实感到该项目准备充分，理念先进，特色明显，定位准确，逻辑清晰，亮点颇多。足以看出宋士清教授作为国家级精品课程负责人的功底，思路尤为清晰，思维尤为缜密。

2015年11月10日，在苏州"项目结题验收试评会"上，我全力推荐宋士清教授做大会典型发言。遗憾的是，我因事未能现场听到他的发言。但从专家指导委员会反馈回来的信息得知，该项目获得与会领导、专家及其他培养包项目负责人的广泛认可和颇多赞许，成为诸项目学习之典范，且成为第一批顺利结题验收的项目。

主干课程特色教材的开发，作为该项目的核心成果之一起到了关键作用。该项目共开发出7部特色教材，包括5部专业类课程教材：《无土栽培》《设施蔬菜栽培》《园艺设施设计与建造》《工厂化育苗》《设施果树栽培》；1部教育教学类课程教材：《中等职业学校设施农业生产技术专业教学法》；1部教育实践类课程教材：《中职教师教育理论与实践：设施农业科学与工程专业》。另外，该项目组还开发了1部研究专著：《职教师资培养资源开发研究——以设施农业科学与工程专业为例》，待后续出版。

该套教材阅后印象深刻，从编写理念、编写体例到内容组织皆契合了职业教育师资培养的内在要求，主要特色如下。

其一，工作过程导向与本科要求相融合。工作过程导向教材虽为学界所熟知，但仅限于中、高职领域使用，在本科层次未曾发现。在一直固守学科型教材的传统理念之下，对于本科教材进行工作过程系统化改革，难度可想而知。一方面需消除"理论是高职与本科之间区别"的误读；另一方面则需规避将本科教材开发为高职水平。该项目组在认真研习职业教育课程与教材原理基础之上，准确找到了高职与本科教材之间的异同，相同之处是二者皆基于工作过程系统化课程观，典型工作任务自然成为本科教材开发的逻辑原点，原有"命题"收聚的传统编撰方式被完全颠覆；不同之处则是高职与本科之间典型工作任务的难易程度不同，遂典型工作任务之中知识点、技能点亦不相同，该特征在本套教材中多有彰显。

其二，教材内容选取与职业资格标准相对接。一般而言，教材属于学校范畴，职业资格标准则属于职业范畴，由于编写人员不同、目标不同，因此二者鲜有融合。但职业教育属于"跨界"教育，本科职业教育如是。因此只有将教材内容选取与职业资格标准相对接，方有可能消除学校与工作之间的鸿沟，犹如美国 STW 运动（School To Work）即"从学校到工作运动"所奉行的理念。基于此，本套教材既体现了教育性，又体现了职业性。如此，根据特定的工作情景需要来选择课程内容，既注重知识的系统性，又强调内容的实用性和技术的可操作性，写作风格上则注意阐明材料用量、产品规格、操作步骤、技术指标、动作要点等。

其三，教材逻辑体现"从新手到专家"秩序。该特征在《中等职业学校设施农业生产技术专业教学法》和《中职教师教育理论与实践：设施农业科学与工程专业》两部教材中体现尤为明显。作为提升师范生素养的部分核心教材，业已突破原有的教材编撰思路，体现了现代教育思想和职业教育教学规律，展示出教师应具有的先进教学理念和方法，尤其是按照教师从师技能形成特点："示范—模仿—练习—创新"即"从新手到专家"的成长规律组织教材内容，从而增强了实用性、可操作性，便于学生自我指导学习，既遵循"理实一体"原则，又使专业技能与教学技能"同步"传递，有令人耳目一新之感。

宋士清教授率其团队以严谨的学术态度及脚踏实地的工作作风圆满完成了研发任务，并将此项目研发实践及成果系统化为职教师资培养方面的学术著作，作为学界同仁，我愿意为之作序。这套教材的出版一定能为职教师资培养单位进行课程与教学改革提供借鉴与帮助，也将对提高职教师资的专业技能及教学能力起到积极的推动作用。

2016 年 2 月 2 日

附：石伟平先生简介

石伟平，上海人，1957 年 12 月生，文学学士（英语专业）、教育学博士（比较教育专业），现任华东师范大学长三角职业教育发展研究院院长、华东师范大学职业教育与成人教育研究所所长、亚洲职业教育学会（AASVET）会长、华东师范大学终身教授，是我国职业技术教育学专业第一位博士生导师。

主要社会兼职：上海师范大学天华学院院长，澳门城市大学教授，中国职业技术教育学会副会长兼学术委员会主任，中国职业技术教育学会科研工作委员会副主任，教育部、财政部中等职业学校教师素质提高计划专家指导委员会副主任，中国职业技术教育学会学术委员会副主任，中国职业技术教育学会科研工作委员会副理事长，全国教育规划领导小组职业技术教育学科评审组成员，中国职业技术教育学专业学科建设与研究生培养协作组组长，国务院学位办全国中等职业学校教师在职攻读硕士学位工作专家指导小组成员，教育部全国中等职业教育教学指导委员会委员，教育部高职高专人才培养工作水平评估委员会委员，上海市教育学会职业教育专业委员会主任，上海市中等职业教育课程教材改革专家咨询委员会副主任，英国伦敦大学教育学院客座研究员，美国富布莱特高级研究学者，美国加州大学伯克利分校高级访问学者，香港大学教育学院"田家炳"高级访问学者，重庆房地产职业学院特聘客座教授。

主要研究领域：职业教育国际比较研究，职业教育发展战略研究，职业教育政策研究，职业教育课程研究，现代职业教育体系研究，现代学徒制研究，职业教育办学模式改革研究，面向农村的职业教育研究，高等职业教育研究，培训与就业政策研究，职业院校校长师资专业化发展研究等。

主要研究成果：自 1995 年以来，主持了教育部哲学社会科学研究重大课题攻关项目"职业教育办学模式改革研究"，国家社会科学基金项目"职业教育的国家制度与国家政策比较研究"，教育部职业教育战略研究重大课题"职业教育战略问题的定位、定性、作用与发展研究"和"中国特色的职业教育体系研究"等 50 项科研项目；出版了《比较职业技术教育》《时代特征与职业教育创新》《职业教育课程开发技术》等 14 部著作；主编并且出版了《现代职业教育研究丛书》与《职业教育经典译丛》各 1 套；在国内外期刊发表了 170 多篇学术论文，并向教育部、上海市教育委员会等政府部门提交了 30 多项政策咨询研究报告。2006 年，所著《比较职业技术教育》被评为"第三届全国教育科学研究优秀成果奖"二等奖（职业教育领域的最高奖）；2011 年主编的《现代职业教育研究丛书》获"上海市第十届教育科学研究成果奖（教育理论创新奖）"一等奖；所著《职业教育课程开发技术》获"第四届全国教育科学研究优秀成果奖"一等奖。

丛书序二 研发说明

《国家中长期教育改革和发展规划纲要（2010—2020年）》发布之后，我国职业教育改革进入了加快建设现代职业教育体系、全面提高技能型人才培养质量的新阶段。为加强职教师资培养体系建设，提高职教师资培养质量，教育部明确提出，要以推动教师专业化为引领，以加强"双师型"教师队伍建设为重点，以创新制度和机制为动力，以完善培养培训体系为保障，以实施素质提高计划为抓手，统筹规划，突出重点，改革创新，狠抓落实，努力开创职业教育教师工作的新局面。正是在这一背景下，教育部、财政部决定"十二五"期间实施职业院校教师素质提高计划（教职成〔2011〕14号），经严格遴选、评审，确定43个全国重点建设职教师资培养培训基地作为项目牵头单位，选定"职教师资本科专业培养标准、培养方案、核心课程和特色教材开发"88个专业项目、12个公共项目，开发周期为3年（2013—2015年）。

"设施农业科学与工程专业职教师资培养标准、培养方案、核心课程和特色教材开发"（项目编号：VTNE058）即其100个项目之一。本项目包括6个子项目："职教师资设施农业科学与工程专业教师标准的研发"、"职教师资设施农业科学与工程专业教师培养标准的研发"、"职教师资设施农业科学与工程专业培养质量评价方案的研发"、"职教师资设施农业科学与工程专业课程大纲的研发"、"职教师资设施农业科学与工程专业主干课程教材的研发"、"职教师资设施农业科学与工程专业数字化资源库的研发"。

1. 研发团队的组建 按照教育部、财政部及项目办（职业院校教师素质提高计划培养资源开发项目管理办公室）、专指委（职业院校教师素质提高计划职教师资培养资源开发项目专家指导委员会）的要求，依据项目申报书和委托开发协议中明确的研发思路、研发内容、研发目标，项目组首先组建了"能干事、干实事、干成事"的研发团队。宋士清为项目主持人，王久兴、宁永红、路宝利、武春成、贺桂欣、杨靖6人（排名不分先后）为子项目主持人，形成核心组；项目组研发人员达98人，分布于高等院校、中高职学校、农业管理部门、设施农业行业企业等单位，有一线专业教师、职教专家、教育教学管理专家及一线生产经营者、设施农业企业管理专家等，具有广泛的代表性。项目组明确了成员职责，理顺了合作机制，制订了研发计划，设计了技术路线，明晰了时间节点，制订了工作制度、奖惩办法、经费使用办法等。另外，项目组还聘请了全国职业教育、中高职学校、本科高等院校及设施农业行业企业的专家49人，形成咨询委员会和顾问委员会。在3年的研发实践中，项目组达成了"必须依靠专家，但不唯专家"的基本共识，凝练了"追根溯源，有依有据"的研发品质，塑造了"精益求精，勇于创新"的团队精神。以上措施保障了本项目研发方案的顺利实施和最终顺利结题验收。

2. 调研、访谈、咨询、论证 项目研发的第一步是进行广泛、深入的调研。尤其是基于专业教师标准、专业教师培养标准、专业课程大纲的主干课程教材，前期调研论证是其研发的源泉。为充分体现教材的职业性、技术性、师范性，以及适切性、科学性、先进性，项目组设计了6套调研问卷和6套访谈提纲，成立了8个调研组，分赴全国29个省（直辖市、自治区），对4类单位6个层次人员进行了调研，包括培养基地本科院校21所，其中设施农业科学与工程专业一线教师197人、学生864人；中高职学校14所，其中设施相关专业教师148人、教育教学管理人员70人、学生474人；设施农业行业企业31家，相关专家131人；另外，还调研了设施农业生产技术、现代农艺技术、果蔬花卉生产技术、种植4个专业7班次国家级骨干教师、专业带头人培训班，涉及全国126所中等职业学校，收回调研问卷2059份，完成访谈笔记8本。同时，分析了当时全国开设设施农业与工程专业的33所本科院校的培养方案，收集了教材、教案、笔记、论文、课件、录像、技术专著等大量资料。期间，项目核心组召开研讨会35次，子项目专题研讨会32次，专业模块和教师教育模块实践专家研讨会10次，专家咨询论证会5次，参加各种交流、研讨、报告、培训会议46次，对全国职教届、设施农业界知名专家、教授进行了专门单独访谈16次。形成了系列会议纪要、研讨成果等。

3. 教材研发目标与定位　　专业类课程教材：围绕培养师范生"专业实践能力"、"专业实践问题的解决能力"进行开发。教材内容的选取体现学科的学术要求，并尽可能体现已应用于实际的学科前沿成果。教材内容的组织依照"任务驱动"、"问题解决"的模式，在真实或模拟的情境下，通过解决问题的方式使师范生提高解决专业问题的能力，着重培养师范生"双师素质"中的专业实践能力。教育教学类课程教材：聚焦职教师范生从事设施农业科学与工程专业教学的专门理论和方法，掌握职业教育教学基本规律，能够选择恰当的教育教学模式和教学方法，具备一定的职业教育教学能力。教育实践类课程教材：聚焦专业实践与教育教学实践相结合，注重专业教学方面的典型课程开发案例、教学设计案例、教学评价案例开发，使师范生在校学习期间就能够掌握专业教学的典型模式。

4. 教材研发指导方针　　项目组认真、深入、审慎地分析了目前流行的各类专业教材体系，发现国内尚无具有本科水平的行动导向型教材范例。项目组重点参考了姜大源、徐国庆两位先生的学术观点，制订了教材研发指导方针：依据职业教育的内在要求，解构传统学科体系教材，重构行动导向型教材。

5. 教材研发理念　　即"能力本位、项目驱动、理实一体"。能力本位，即打破学科体系"命题知识"至上的拘囿，突出能力培养，在操作技能习得基础上，尤其凸显设计能力、研究能力等具有本科水平的能力培养。项目驱动，即围绕项目进行知识、技能、态度等教材元素的选择与组织，既打破学科型教材远离生产世界的痼疾，又避免任务驱动型教材中对于单项技能操作的过度关注，从而在真实项目中培养学生的综合职业能力。理实一体，即打破理论与实践二元分离的格局，凸显实践优先原则，在实践中嵌入知识元素，在"教、学、做"一体化中完成职业胜任力培养。

6. 教材编写体例的研发　　在前期的理论研究准备之后，项目组对教材编写体例进行了反复推敲，在缺少前人经验的情况下不断探索，核心组内专业教师和职教专家之间还曾发生过多次激烈辩论，在观念的碰撞中探索适合中国国情的、具有职教特色的、达到本科水平的专业课程教材的表现方法，最终形成了一套包括样章在内的详细编写体例：依据本科标准，体现职业导向，在广泛社会调研与实践专家研讨会的基础上，准确提炼师资岗位所对应的典型工作任务，且将其转化为学习领域，最终确定学习情境，知识、技能、态度嵌入其中。

7. 教材研发成果 经 3 年艰苦、扎实的工作，"设施农业科学与工程专业职教师资培养标准、培养方案、核心课程和特色教材开发"项目顺利通过教育部、财政部首批结题验收。作为核心成果之一，项目组开发的 5 部专业类课程教材——《无土栽培》《设施蔬菜栽培》《园艺设施设计与建造》《工厂化育苗》《设施果树栽培》，1 部教育教学类课程教材——《中等职业学校设施农业生产技术专业教学法》，1 部教育实践类课程教材——《中职教师教育理论与实践：设施农业科学与工程专业》，1 部研究专著——《职教师资培养资源开发研究——以设施农业科学与工程专业为例》，从研发理念、编写体例到内容组织皆契合了职业教育师资培养的内在要求，特色鲜明。

8. 研发成果的影响及专家评价 2014 年 3 月 22 日，在云南大学"项目阶段成果推进会"上，项目主持人宋士清教授代表本项目做了大会典型发言，介绍了本项目的研发思路和经验；2015 年 11 月 10 日，"结题验收试评会"在江苏省苏州市召开，本项目经过汇报、专家质疑、答辩、评议等环节，验收专家组对项目组所做的工作及提交的 16 本研发成果给予了高度评价，一致认为，本项目做了大量深入、细致、开创性的工作，思路清晰，创新性强，对其他项目工作具有示范和引领作用，最终以最高分首轮顺利通过结题验收。当天，经过教育部师范教育司和教育部培养资源开发项目专家指导委员会的严格遴选，本项目作为大会唯一交流项目，由宋士清代表项目组做主题报告，并获得与会领导、专家及其他兄弟项目负责人的广泛认可。会后，有 70 多个兄弟项目负责人与本项目有关人员联系，索取相关资料，交流研发成果。

教育部、财政部职业院校教师素质提高计划职教师资培养资源开发项目验收专家组对本项目的评审意见如下："项目推进堪称典范。研发团队的结构合理。研究方法科学，研发过程科学规范；项目各成果之间逻辑关系清晰，各阶段成果之间的相互依存和支撑关系明确；调研工作扎实开展、调研过程形成的资料齐全、数据统计方法比较合理、调研结论真实可信；按照结题验收的要求，全部完成项目成果，质量达标。培养方案开发的依据明确，体现专业教师标准、人才成长规律和当前中等职业教育的要求；开发过程呈现出现代职业教育理念、'三性'融合的理念、强化实践能力的理念；评价体系合理系统；课程设计的总体思路、课程设置的依据、课程内容确定的依据明确；课程基本内容和学时分配科学；科学设计学习性工作任务；实践教学环节设计合理；以职教师资能力素质培养导向，采用各种不同的教学方式。建议提高项目的转化率，在自己校内开始推广使用。"

限于项目组的能力与水平，项目教材肯定还存在很多不足之处，恳请各位专家、同行提出批评意见，不吝赐教，万分感激！

特别感谢专家指导委员会、专家咨询委员会、专家顾问委员会的各位专家，以及兄弟项目对本项目成果的重要贡献！

教育部、财政部职业院校教师素质提高计划
"设施农业科学与工程专业职教师资培养标准、培养方案、
核心课程和特色教材开发"项目组
2016 年 3 月 26 日

附：项目主持人简介

宋士清，男，汉族，1965年6月生，河北省黄骅市人，中共党员。毕业于南京农业大学园艺学院蔬菜学专业，博士研究生。河北科技师范学院学术带头人，教授，硕士研究生导师，现任河北科技师范学院党委委员、继续教育学院院长。国家科学技术奖励评审专家，教育部高等学校中等职业学校教师培养教学指导委员会委员，国家级精品课程主持人，国家级教学成果奖获得者。河北

省科学技术奖励评审专家，河北省第五批高校中青年骨干教师津贴人员，河北省"三三三人才工程"第三层次人选，河北省"三育人"先进个人，河北省重点学科蔬菜学科负责人。秦皇岛市博士专家联谊会农业分会副会长，秦皇岛市现代农业发展协会副会长，秦皇岛市科学技术协会第八届常委，秦皇岛市科学技术普及研究会理事、常务理事、科普理论研究专业委员会副主任。一直从事栽培设施设计、设施蔬菜栽培、精准蔬菜技术、蔬菜逆境生理的教学、研究工作。获教学成果奖国家级二等奖1项，省级一等奖2项、二等奖2项、三等奖1项；主持国家级、省级项目5项，第1作者发表论文42篇，出版系列教材、论著38部，其中主编13部、主审3部、副主编5部；主持的"设施蔬菜栽培学"为国家级精品课程。教育部、财政部"设施农业科学与工程专业职教师资培养标准、培养方案、核心课程和特色教材开发"（编号：VTNE058）项目主持人。

前　言

设施果树栽培是高等院校职教师资设施农业科学与工程专业核心课程，是教育部、财政部职业院校教师素质提高计划"设施农业科学与工程专业职教师资培养标准、培养方案、核心课程和特色教材开发"项目（VTNE058）的研发成果之一。

本教材编写的指导思想是：以学生就业和社会需求为导向，培养应用型人才。本教材的特点是：任务引领，结果驱动，突出能力，内容实用，理实一体。本教材的内容与结构力争实现"四个融合"：专业理论与专业实践的融合，教育教学理论与实践的融合，专业内容与教育教学内容的融合，专业能力与社会能力、方法能力的融合。

根据设施果树栽培和设施农业的发展，以及职业教育及社会对人才的需求，我们组织教学与生产实践经验丰富、该领域科研成果丰硕的高校专业教师和一线的设施农业行业专家，编写了本教材。

设施农业科学与工程专业是设施工程、信息工程、环境工程与现代园艺植物栽培技术有机结合与统一形成的一门交叉学科。其目的在于减少不适宜季节性的气候变化对园艺植物生产的影响，提高单位面积产量，改善品质，甚至实现园艺植物的工厂化生产。目前我国设施园艺植物产业的发展，仍以提高单位面积经济效益为主导。由于我国南北方地理环境、气候条件、种植园艺植物种类、栽培形式及消费习惯差异较大，因此各地设施园艺植物产业发展，应充分利用当地的优势自然资源，因地制宜，突出地方特色。

设施果树栽培是一门设施工程、环境调控、现代果树栽培技术等多学科有机结合且实践性很强的学科。设施果树栽培是指在不适宜果树生产的季节或地区，利用专门的栽培设施创造适宜果树生长结实的小气候条件进行栽培生产的一种环控农业。

本教材的基本任务是：使学生在理解和掌握设施果树促成栽培的基本理论、基本知识的基础上，掌握草莓、葡萄、桃、杏、李、甜樱桃设施栽培建园园地选择、设施类型与品种选择相关知识与技术、栽植技术、整形修剪与控长促花技术及促成栽培技术，达到能够独立讲学和能够独立从事生产或指导生产的目的。

教材的编写由边卫东与编写组成员商议确定。教材共分8个单元，单元一、单元四之项目一、二，单元五之项目一、二由李琛编写；单元三之项目一、二由董海泉编写；单元六之项目一、二由张会芳编写；单元七之项目一、二由刘静波编写；单元八之项目一、二由李建军编写；剩余部分由边卫东编写。教材汇总、整合由李琛完成。教材中照片由边卫东拍摄。

书稿完成后，项目主持人宋士清、主干课程教材子项目主持人王久兴对全部书稿再次进行了统审。

本教材的编写、出版得到了河北科技师范学院相关专家和领导的指导与支持；科学出版社农林与生命科学分社的编辑多次到河北科技师范学院商讨出版事宜，提出宝贵建议，对本教材的出版投入了大量时间和精力；教材编写过程中，参考了大量相关书籍和资料，在此一并表示感谢。

限于编者水平有限，教材中难免存在疏漏或不足之处，敬请广大读者、同行和专家批评指正。

编　者

2016 年 4 月

目　　录

单元一 设施果树栽培认知

【教学目标】掌握设施果树栽培概念与意义；掌握我国设施果树栽培制度；了解国外设施果树栽培现状与发展趋势；掌握我国设施果树栽培现状、存在问题及应采取的对策。

【重点难点】设施果树栽培意义；设施果树栽培制度；我国设施果树存在的问题及应采取的对策。

项目一 设施果树栽培概述

任务一 设施果树栽培概念与意义认知

【知识目标】理解设施果树栽培概念与意义。

【技能目标】能够表述设施果树栽培概念与意义。

设施果树栽培是指在不适宜果树生长的季节或地区，利用特定的栽培设施，创造适宜果树生长的小气候环境进行果品生产的一种高效果业生产方式，又称保持地栽培、果树设施栽培；是现代工程技术、环控技术与传统果树生产技术的有机结合，以达到果品生产少受或不受不适宜季节气候变化的影响。

设施果树栽培的意义：

1. 控制果实成熟期，调节市场供应 在自然条件下，受季节性气候条件与果树生长结实习性的影响，多数果树果实的成熟期均有特定的季节，果品市场供应受季节的限制。但在设施栽培情况下，可以人为调控栽培环境，使果实成熟期提前或延后，甚至可使某些树种四季结果，周年供应市场。如露地栽培桃、葡萄的果实成熟期一般为6月中下旬至10月中旬；在设施促成栽培情况下，可使成熟期提早到3月份，延迟栽培时可推迟到11月份至翌年2月份。这对满足水果淡季果品供应起到重要作用。

2. 扩大果树种植范围 不同果树在系统进化过程中形成了各自稳定的生物学特性及对自然环境条件的要求，超越了所需环境条件，就不能露地种植。最明显的是南方果树如香蕉、柑橘、荔枝不能种植在较寒冷的北方，而像苹果、梨又不能种植在气候较热的南方。同为北方落叶果树的桃、甜樱桃、苹果、梨、杏等抗寒性也不同。如桃、甜樱桃在常年低于$-20℃$的地区不适种植。设施栽培条件下，由于人为控制各种环境条件，因此不受气候条件的限制，只要能创造果树所需的环境，就能种植。

3. 提高经济效益 设施果树栽培产期的调控，主要是弥补淡季（冬春季）水果的供应，果品价格是通常的数倍，甚至10倍以上。如20世纪90年代4~5月份成熟的桃、葡萄、草莓等，单价一般在30元/kg以上，每亩*产值在5万元以上，甜樱桃单价一般在160元/kg以上，亩产值可达10万元以上。近年来，由于有些树种（如桃、葡萄、草莓

---

* 1亩=1/15公顷，余同。——编者注

等）的设施栽培面积逐步扩大，市场供应量增加，单价有所下降，但由于栽培技术的进步，产量有了大幅度增加，亩产值仍可达到 2.5 万元以上。

4. 控制病虫害传播，生产绿色食品　设施栽培是在相对密闭环境条件下进行，可以隔绝外界病虫害传染源，减少病虫害的发生和传播，减少农药的使用量与次数，或在果实生长阶段不用农药，减少果实农药残留，生产绿色食品。

5. 经济利用土地，提高土地利用率　设施果树生产能够充分利用庭院、墙边、沟沿、坡地等建立日光温室，大、中、小棚等来发展果树生产，同时果树设施栽培可采取立体化栽培方式，能在有限的空间内充分利用土地资源，创造出更高的经济效益。

6. 解决农村冬季过多剩余劳动力问题，增加农民经济收入　目前设施果树栽培主要是促成栽培，果树的生长结实主要在冬季进行，并且设施果树产业属于劳动密集型的高效果业。因此，设施果树产业的发展，解决了农村冬季过多剩余劳动力的就业，增加了农民的经济收入，同时对社会的稳定起到了良好的促进作用。

【知识点】设施果树栽培概念、意义。
【技能点】表述设施果树栽培概念与意义。
【复习思考】
1. 什么是设施果树栽培?
2. 设施果树栽培有何意义?

任务二　设施果树栽培制度认知

【知识目标】掌握目前我国设施果树主要栽培制度。
【技能目标】能够表述设施果树主要栽培制度。

　　无论是利用成本低、极简单的地膜覆盖、风障畦、小棚，还是利用成本高、环境调控能力极强的现代化温室，解除了果树正常生长结实的限制因素，为果树的生长结果创造了适宜的环境条件，均可称为设施果树栽培。目前我国设施果树栽培的目的主要是进行产期调控，使果实成熟期处于水果供应的淡季，即冬季春节前、早春和初夏，以求更高的经济效益。根据果树生长结实习性及现有品种的特点，目前主要采用设施果树促成栽培和延迟栽培两种栽培制度（方式）来实现。另外，近年来南方地区为解决多雨造成果树病害严重、果树徒长难控制、难成花等问题，在葡萄的种植上广泛采用了避雨栽培，促进了葡萄产业的发展，并为农民增加了经济收入。

一、设施果树促成栽培

　　设施果树促成栽培是在不适宜果树生长的寒冷季节，利用栽培设施为果树生长结实创造适宜的环境条件，使果树比露地栽培提早萌芽、提早开花、提早成熟上市的一种栽培制度（方式）。该栽培制度是目前我国果树产期调控的主流。北方地区落叶果树的产期调控 90% 以上的种植面积采用此方法，保证了早春、初夏水果淡季的果品供应。栽培的树种主要是草莓、葡萄、桃，其次是杏、樱桃、李等。利用日光温室可使果实成熟期比露地栽培提早 40~60d，利用塑料大棚可提早 20~30d。不加温日光温室桃一般在 4 月中旬至 5 月中旬开始成熟上市，加温栽培的可在 3 月底至 4 月初采收上市；不加温日光温室葡萄在 6 月中旬采收上市，塑料大棚葡萄于 6 月底至 7 月初成熟上市。

二、设施果树延迟栽培

由于落叶果树生长习性及现有品种的限制，目前很难利用促成栽培方式，使果实成熟期提早更多，实现冬季春节前上市，以求更高的经济效益。近年来人们尝试利用延迟栽培方式进行设施果树生产，使果实成熟期推迟到春节前成熟上市。目前延迟栽培方式较多，均在试验与中试推广阶段。在葡萄延迟栽培中，有利用果实发育期极长的晚熟品种，种植在温室内，冬季利用自然低温使设施内土壤封冻，早春气温回暖前覆盖保温材料，延缓葡萄萌发开花，以推迟果实成熟；有利用葡萄易成花，具有多次结果能力现象，在夏秋季通过修剪，诱导冬芽或夏芽萌发抽生结果枝，秋季当夜间温度低于 15℃时安装温室的采光膜与保温材料，为葡萄果实的生长创造适宜的环境条件，可使葡萄成熟期推迟到春节前后的 2~3 月份。在意大利，有大量的葡萄园在秋季实行薄膜覆盖，使葡萄延迟到圣诞节采收。盆栽晚熟桃，春季在温室后墙设冰墙降温延迟开花期，果实生长后期采取扣棚保护等措施，果实成熟期可延迟 30~40d。目前红地球葡萄的延迟栽培，在西北地区开始推广。

三、避雨栽培

避雨栽培是近十几年来南方多雨地区，为防止葡萄植株徒长、促进花芽形成、防止病害大量发生，实现高产、稳产、高品质而采取的一种简易设施栽培方式。目前在南方一些地区广泛推广。

由于目前设施果树促成栽培面积最大，效益最高，栽培理论研究较深、技术性强，同时存在的问题也较多，本教材只编著设施果树促成栽培部分。

【知识点】设施果树栽培制度，设施果树促成栽培，延迟栽培与避雨栽培。
【技能点】表述设施果树栽培制度类型。
【复习思考】
1. 设施果树栽培制度有哪些类型？
2. 何为促成栽培、延迟栽培和避雨栽培？

项目二 设施果树栽培概况

任务一 国外设施果树栽培概况认知

【知识目标】了解国外设施果树发展现状与发展趋势。
【技能目标】能够表述国外设施果树发展情况、主要国家与发展趋势

一、栽培现状

果树设施栽培始于 17 世纪末的法国，当时主要是栽培柑橘等热带果树，以后逐步扩

大到葡萄及其他树种。近几十年来，国外设施果业发展迅猛，日本、韩国、加拿大、美国、意大利等国是设施果业的发达国家，其中以日本发展最快。

日本是一个农业资源缺乏、自然灾害频繁的国家。因此，日本很早就开始探索防止自然灾害的设施栽培技术，早在1886年冈山县就进行了白玫瑰香葡萄的温室栽培。到1991年，日本设施果树面积已达9872hm^2。除板栗、梅、核桃等极少数果树树种外，几乎所有的树种都进行设施栽培，包括12种落叶果树和23种常绿果树。其中葡萄设施栽培面积最大，为5987hm^2，占设施果树栽培面积的61%；其次为柑橘和樱桃，分别占17%和13%；梨占4%，桃、李、柿各占1%。

韩国设施果树栽培历史较短，1980年设施栽培面积7142hm^2，树种有香蕉、菠萝、柑橘、芒果、葡萄等。目前已有设施香蕉331.1hm^2、菠萝160.1hm^2，柑橘52hm^2，其他683.2hm^2。

荷兰和意大利鲜食葡萄几乎都是温室生产。1940年，荷兰大约有5000个葡萄温室，占地860hm^2；比利时大约有3500个葡萄温室，占地525hm^2；至20世纪80年代后期，意大利葡萄设施栽培面积已达7000hm^2。另外，加拿大、英国、罗马尼亚、美国、西班牙和以色列等国家葡萄设施栽培也有一定发展，但与其大面积的设施花卉、设施蔬菜比较起来，仍显微不足道。

二、发展趋势

近年来，国外设施农业的发展呈现出如下特点与趋势。

1. 种苗专用化　　日本、荷兰、以色列、韩国等国家非常重视温室用品种选育，能为温室提供专用的耐低温、高温、低光照、高湿等且具有多种抗性、优质高产的种苗。

2. 设施大型化　　国外工业发达国家，建造大型温室具有相对投资少、土地利用率高、室内环境相对稳定、节能、便于作业和产业化生产等优点。因此设施日趋大型化、规模化，连片产业化生产成为趋势。

3. 设施控制自动化、智能化　　设施内配备计算机智能化调控装置系统，利用不同功能的传感器探测头，准确采集设施内室温、叶温、地温、湿度、土壤含水量、二氧化碳浓度、风向、风速以及果树生长状况等参数，通过数字电路转换后传回计算机，并对数据进行智能化统计分析后发出指令，使有关系统、装置及设备有规律运作，将室内温、光、水、肥、气等诸因素综合协调到果树生长所需的最佳状态，确保一切生产活动科学、有序、规范、持续地进行。

4. 栽培无土化　　由于无土栽培不仅高产，而且可向人们提供健康、营养、无公害、无污染的有机食品，同时营养液循环利用可节省投资，保护生态环境，所以设施内无土栽培已成为趋势。近年来，荷兰、英国、法国、意大利、西班牙、德国大部分设施内均采用无土栽培。

【知识点】国外设施果树栽培现状、主要国家与发展趋势。
【技能点】表述国外设施果树栽培现状与发展趋势。
【复习思考】简述国外设施果树发展现状与发展趋势。

任务二 我国设施果树栽培概况认知

【知识目标】了解我国设施果树发展现状；掌握我国设施果树产业存在的问题及应采取的对策。

【技能目标】能够表述我国设施果树发展现状；表述存在的问题及应采取的对策。

一、发展现状

我国设施果树产业发展较晚，但发展迅猛。纵观我国设施果树产业的发展历史，可分为 3 个阶段。

1. 起步阶段 为 20 世纪 50 年代初期至 80 年代初期。1978 年，黑龙江省齐齐哈尔市园艺所利用日光温室进行葡萄栽培试验获得成功，成为我国落叶果树设施栽培的起点。但受当时社会、经济条件的制约，没能得到发展。

2. 快速发展阶段 为 20 世纪 80 年代中期至 21 世纪初。20 世纪 80 年代末期，我国果树设施栽培开始大规模连片生产，尤其是进入 20 世纪 90 年代后，随着日光温室的广泛应用，人民生活水平的提高，以及市场需求的增长，果树设施栽培以前所未有的速度发展，栽培技术不断改进，栽培体系逐步完善。20 世纪 90 年代中期进入果树设施栽培的黄金发展时期。

3. 稳步发展阶段 为 21 世纪初至今。这段时期，我国设施果树栽培技术体系已经较为完善，基本步入了"积极发展，稳步提高，不断完善"的稳步发展阶段。但就栽培树种看，多为浆果类和核果类等一些不耐储运的树种，草莓最多，其次是桃和葡萄。其他树种仅零星栽培，未形成规模化生产。

到目前为止，我国设施果树栽培面积已超过 100 000hm²，位居世界第一位。已形成了山东、辽宁、河北、宁夏、甘肃、湖南、广西、安徽、江苏、北京、天津、内蒙古和新疆等较为集中的果树设施栽培产区，可分为东北产区、西北产区、华北产区、华东产区和华中华南产区五大产区。

东北产区：以辽宁省、黑龙江省为代表，为我国落叶果树设施栽培发源地。截至 2007 年，辽宁省果树设施栽培面积已达 30 000hm²。其中，草莓面积占总面积的 60% 以上，桃和葡萄次之，其他树种（如樱桃、杏和李等）略有发展。黑龙江省已发展到 1200hm²，栽培树种包括草莓、葡萄、桃、大樱桃、李、杏等。

西北产区：包括宁夏、甘肃、新疆，主要栽培树种有桃、葡萄、杏等。其中，宁夏设施果树栽培面积已超过 20 000hm²，甘肃设施果树以油桃、杏为主。

华北产区：以河北、天津、北京为代表。河北是设施果树的主要栽培区，栽培树种有草莓、葡萄、桃、杏、樱桃等。草莓栽培面积最大，其次是桃和葡萄。其中，河北省满城县的设施草莓，已发展成为四季周年生产的全国知名草莓基地县。此外，还有唐山市的设施桃、葡萄基地，保定市的设施杏基地等。乐亭县是河北省重点鲜桃生产基地，全县有桃树面积 11 000hm²。其中，以温室大棚为主的设施桃树栽培面积达到 1300hm²，占全省设施果树栽培面积的 12.5%。

天津的蓟县、武清、宝坻、北辰等多个区县推广温室大棚栽种油桃、甜杏已超过

$3000hm^2$。

　　华东产区：以山东、江苏的设施果树为代表。其中，山东省的设施果树栽培产业最为发达，经济效益最好，是真正意义上的设施果树生产大省、强省。截至 2011 年年底，全省设施果树栽培面积超过 40 000hm²，产量 110 万吨左右，主要树种包括草莓、葡萄、桃（油桃）、樱桃、杏（李）等。近 10 年各种果树设施栽培总面积年均增长幅度在 34%左右。其中，栽培面积增长最快的是杏，平均年增长 11.87%；樱桃（包括中国樱桃和甜樱桃）次之，平均年增长 2.65%。除山东外，江苏省果树设施栽培分布也较为广泛。苏南、苏中和苏北各地都根据当地生态条件和市场需求发展设施果树。

　　华中和华南产区：设施果树栽培相对较少。以湖北为代表的华中地区，设施多以避雨作用为主，故避雨棚设施较多。华南地区主要生产南方水果，如芒果、番木瓜、荔枝、桂圆、扁桃、槟榔等。

二、存在问题

　　近年来，我国设施果树产业发展迅速，栽培面积居世界第一。但与一些先进国家相比，还有较大差距，主要表现为以下几个方面。

　　1. 栽培树种、品种较单一，结构不合理，缺乏专用品种　　目前，我国设施果树栽培树种以草莓、桃、葡萄为主。其中草莓面积过大，葡萄、桃品种单一，成熟期过于集中。如桃和葡萄的成熟期主要集中在 4～6 月份成熟上市，而元旦和春节前除草莓外，其余北方落叶果树如桃、杏、李、葡萄和大樱桃等均极少成熟上市。为此，市场上出现了某些树种果实滞销、效益低下的现象。而且，现有栽培品种基本上是从露地栽培品种筛选出的，盲目性大，对其设施栽培的适应性了解较少，甚至有些品种不适合设施栽培。因此，选育和引进适于果树设施栽培的品种及专用砧木已成为当务之急。

　　2. 设施结构不合理，机械化、自动化水平低，工作效率差　　我国大多数果树栽培设施，以日光温室、塑料大棚为主。这些结构模式虽然棚架结构简单、成本低、投资少、保温性能好，但存在明显的缺陷。如建造方位不合理、前采光面角度和后坡仰角较小、墙体厚度不够、通风口设置不当、空间狭小、光照分布不均、不便于机械操作等。此外，缺乏设施栽培专用小型机械设备，自动控制设备不配套，机械化作业水平低，劳动强度大、工作环境差、劳动效率低，劳动效率仅为日本的 1/5。

　　3. 果品质量差　　当前，我国设施果树生产者，大多数对果品质量重视不够，主要表现为果实含糖量低、含酸量高、风味淡、着色较差、果个偏小和果实畸形果率高等；除与品种特性有关外，还与栽培技术有很大关系。这主要是由于市场上不同质量果品价格差异小，优质高价、低质低价甚至滞销规律未形成，造成多数生产者仍采取大水、大肥、多留果以产量求效益。

　　4. 不能利用优势自然资源，发展盲目性大，节本、高效生产模式尚未建立　　目前我国设施果树栽培方式主要是北方落叶果树的促成栽培。其实质是在自然休眠解除后，利用栽培设施创造的适宜环境条件，解除北方冬季较长的被迫休眠，使其提早萌芽、提早开花、提早成熟上市。冬季冷的越早的地区，解除休眠越早，如果栽培设施所提供的环境条件能满足果树生长结果需要，成熟越早。冷得早就是该区域设施果树促成栽培的优势自然资源，就可通过增加设施建造成本，建造保温性好的栽培设施，种植休眠期短的极早熟、早熟品种，以早上市产生高效益；而冷得晚、冬季较温暖地区，果树自然休眠解除晚，即使建造保温性再好的高成本温室，因果树自然休眠解除晚，升温晚，成熟晚。该区域应以建造低成本设施为主，种植果个大、品质好的中熟品种，以低成本，高产、优质产生高效益。因此，深入研究不同地域优势自然资源，果树各树种、品种的生长发育规律与适宜的环境指标，提出适合不同树种、品种、不同地域的较为规范的设施栽培优质高效生产技术模式，是实现果树设施栽培区域化、规模化生产的前提。

5. 设施果树栽培产业化程度低　　设施果树产业具有高投入、高产出、高技术和高风险的特点，决定了其必须走产业化发展之路。然而，我国当前设施果树生产分布范围广而分散，规模化生产和集约化程度低，而且在实际操作中仅重视生产环节，对果品采后的分级、包装以及市场运作和品牌经营等不够重视，并且还远没有形成产业化基础。龙头企业规模小，带动能力差，市场营销绩效差。

6. 科技支撑力度不足，现代技术推广体系急需完善与创新　　据调查，我国科技对产业的贡献率比国外低20～30个百分点。目前，我国设施果树生产主要品种基本是从现有露地栽培品种中生产筛选而出或国外引进，拥有自主知识产权的生产品种不多，果树新技术育种还未有实质性突破。如适宜设施促成栽培的超短需冷量（100h以下）早熟品种。适应我国国情的果树设施栽培标准化生产技术体系尚无规模成果；拥有自主知识产权的重大新技术、新成果少。

另外，现阶段我国农业科技推广体系已严重不适应我国发展现代农业的要求，基层科技队伍不稳定，人员数量下降，技术素质较差，没有稳定充足的经费来源，严重影响了设施果树生产新技术的推广应用。

三、应采取的对策

1. 实施区域化发展战略，建设集中产业带　　发挥区域优势自然资源，重点建设集中产区。在集中产区实施标准化生产，进行先进技术组装集成与示范，强化产品质量全程监控，健全市场信息服务体系，扶持壮大市场经营主体，加速形成具有较强市场竞争优势的设施果树产业带（区）。

2. 加强设施果树专用品种选育和种苗标准化生产体系建设　　各国均在利用自己的优势参与竞争。发达国家靠技术（品种、专利）和资本挣钱，而发展中国家主要利用劳动力、土地优势争取效益。

我国要保持设施果树产业的国际竞争优势必须坚持"自育为主、引种为辅"的指导思想，充分利用我国丰富的果树资源，选育适于我国设施果树生产的优良品种和专用砧木，加大国外设施果树优良品种及适宜砧木的引进与筛选，为我国设施果树产业发展提供品种资源支持。

我国果树良种苗木繁育体系极不健全，品种名称炒作繁多，乱引乱栽，假苗案件时有发生。果树检疫性虫害（如葡萄根瘤蚜等）有逐步蔓延之势，许多苗木自繁自育，脱毒种苗比例不足2%，出圃苗木质量参差不齐，严重影响了设施果树生产的建园质量及果园的早期产量和果实质量。加强我国果树良种苗木标准化繁育体系建设已势在必行。

3. 研发推广设施果树节本、优质、高效、安全生产技术体系，提高产品质量，调整产期　　加强设施果树低成本、洁净生产的理论与技术，提高果实品质技术的研究与推广，实现设施果树的节本、优质、高效和安全生产。加强研发适合我国国情的设施结构和覆盖材料，即小型化、功能强、易操作、成本低、抗性强适合设施果树生产的设施结构和覆盖材料，以尽快解决我国设施果树生产中设施结构存在的问题。

加强研发适合我国国情的设施生产装备，提高机械化水平，进而减轻劳动者劳动强度，提高劳动者工作效率。

加强设施果树产期调节技术研究、设施条件下的环境和植株控制，大力推广产期调节技术，调整设施果树产期，使设施果树产期逐步趋于合理。

4. 加强设施果树生产信息化技术的研究与应用　研究设施果树生产数字化技术，开展农村果树信息服务网络技术体系与产品开发应用研究，构建面向设施果树研究、管理和生产决策的知识平台，为设施果树生产的科学管理提供信息化技术。

5. 积极培育龙头企业，建立健全农业合作组织，实施产业化发展战略　积极创造有利环境，培育壮大龙头企业。进一步完善企业与生产者的利益联结机制，鼓励企业、生产基地与科研单位建立长期的合作关系。积极发展经济合作组织和农民协会，不断提高产业素质和果农的组织化程度。

6. 加强设施果树产业经济研究，开拓国际市场　加强设施果树产业经济研究，建立设施果树产业信息系统，研究世界主产国的相关信息和政策，长期跟踪世界果树市场变化与我国设施果树产业发展趋势，制定我国外向型设施果树产业的政策支持体系，以此大力提高我国设施果品质量和国际竞争力，巩固和扩大国外市场占有份额。通过增加设施果树出口，带动整个设施果树产业的发展。同时，把开拓国际市场与国内市场结合起来，逐步完善市场体系，大力搞活流通，扩大产品销量。

7. 重视设施果树科技支撑与技术推广体系建设　为保证和促进我国设施果树产业的可持续发展，重点开展设施果树种质资源的收集、保存、创新利用研究，进行适合果树设施栽培的新品种选育及引进，进行设施果树现代高效生态生产技术体系的研究、集成与应用，开展果品物流与保鲜关键技术研究与开发，设施果树质量控制与监测关键技术研究等科技攻关工作；继续完善和恢复各级果树科技推广体系，保证设施果树新品种、新技术等信息进村入户和推广；加强各级技术员培训体系建设，保证基层果树生产技术人员与时俱进，掌握设施果树现代生产技术，为设施果树产业的可持续发展提供科技支撑。

【知识点】我国设施果树栽培现状，存在的问题及应采取的对策。
【技能点】表述我国设施果树栽培现状；表述存在的问题及应采取的对策。
【复习思考】简述我国设施果树发展现状、存在的问题及应采取的对策。

单元二　设施果树促成栽培原理

项目一　栽　培　设　施

根据果树生长发育特点，栽培设施应满足两个基本条件：一是要有一定的生长空间，以满足果树生长的需要；二是栽培设施的环境调控能力要强，能满足果树不同物候期对环境的要求。

目前用于果树设施促成栽培的设施类型很多，生产上按照设施结构的不同主要分为日光温室、塑料大棚与现代化温室三类。其中现代化温室自动化程度高、环境调控能力强，但其建造成本高，日常环境调控需要大量能源，从目前我国果品市场看效益较低。因此，现阶段我国用于果树促成栽培的设施主要是利用太阳能增温，设施蓄热保温的日光温室和塑料大棚。一般情况下，不需要消耗能源进行环境的调控。但在生产实践中，人们也在进行不断地改进和完善，附属的新材料与新设备逐步得到应用，提高了设施的现代化水平，降低了劳动强度与劳动成本。

任务一　日光温室的认知

日光温室，又称高效节能日光温室。一般是指单采光面以太阳能为主要能源的温室。日光温室的作用主要是采光增温、储热、保温、调温、调湿、防风、换气等。由于日光温室主要靠太阳能增加室内温度，因此冬季连阴天较多的地区和年份风险较大。

一、日光温室类型

按前采光面利用的透光保温材料不同，它分为玻璃日光温室和塑料薄膜日光温室。

（一）玻璃日光温室（图 2-1）

最早的日光温室均采用玻璃作为前采光面透光保温材料，其优点易擦洗、牢固、不易受到大风等灾害影响，缺点是成本高、笨重、保温效果差。目前我国很少利用玻璃温

图 2-1　玻璃日光温室

室进行果树生产。

（二）塑料薄膜日光温室

这是利用专用农膜作为前采光面的透光保温材料，其优点是透光性和保温效果较好，薄膜容易更换，材质轻，成本低。

按前采光面曲线形式不同，它分为一斜一立式和曲线式日光温室。

1. 一斜一立式日光温室（图 2-2、图 2-3）多以竹木为骨架，内有立柱（多为水泥柱）。该类型温室建造取材方便，经济实用，成本低。但采光效果差，升温速度慢，内有大量立柱挡光。该类型温室是我国早期日光温室的主体类型，一般使用寿命 3～5 年。

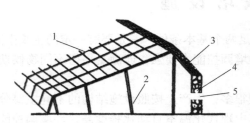

图 2-2　一斜一立式日光温室
1. 前采光面　2. 立柱　3. 后坡　4. 墙体
5. 墙体通风口

图 2-3　一斜一立式日光温室

2. 钢架结构日光温室（图 2-4）　此类型温室前采光面多为曲面，拱架由钢材制作，一般采用上下弦双梁平面拱架。相比一斜一立式竹木骨架温室成本较高，但采光效果好，寿命长，一般可达 10 年以上。

钢架结构日光温室采光面的拱架与后坡柁一体化形成桁架，可实现温室内无立柱，这样操作管理方便，不遮光。桁架一般由上弦、下弦和腹杆做成（图 2-5），上下弦可用钢管或钢筋，腹杆一般用钢筋。用热镀锌钢管作上下弦防锈性能好，使用寿命长，但成本高。因此，目前多用钢筋做上下弦。上弦要粗些（ϕ12～14mm 圆钢），腹杆可细一些，下弦居两者之间（ϕ10～12mm 圆钢），上下弦间距最大处 25～30cm，腹杆与上下弦夹角成 60° 或 120°。

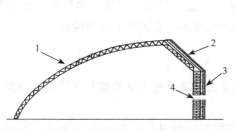

图 2-4　钢架结构日光温室
1. 前采光面　2. 后坡　3. 墙体　4. 墙体通风口

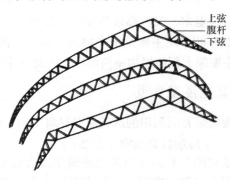

图 2-5　桁架形式与构造

二、日光温室基本结构设计要求

设施果树促成栽培生产的关键时期是冬春季节。此时外界环境是低温短日照。对温室的基本要求是：充分采光，严密保温并可调控温度、湿度与换气，以满足果树生长发育的需要。

日光温室基本结构设计包括温室方位、间距、跨度、高度、采光面角度、后屋面（后坡）、墙体、后墙通风口、缓冲间（出入门）、防寒沟、棚膜（采光膜）、保温材料与卷帘机。

1. 方位　　一般是坐北朝南。在冬季严寒，早晨雾多、雾大的地区，可以偏西 $5°\sim10°$；而冬季早晨不太严寒、雾少的地区可以偏东 $5°\sim10°$，以利用上午较好的阳光。

2. 相邻温室的间距　　南北相邻两栋温室应当保持一定的距离，确保在一天之中的大部分时间不会相互遮阴。考虑到揭、盖保温材料的时间，两栋温室间距应保证当地冬至时节上午 8 时至下午 16 时的时段内不致造成后面温室被遮阴。一般间距≥（温室脊高＋0.6）×1.7。

3. 跨度与长度　　跨度是温室南沿底脚至北墙根的距离。跨度大土地利用率高，但不易保温，升温速度慢；跨度小易保温，升温速度快，但土地利用率低。我国北方寒冷地区一般以 $7\sim8m$ 为宜。纬度偏南地区跨度可大些，偏北地区小一些。温度长度以 $60\sim80m$ 为宜。从保温与增温效果分析，较长温室比短温室效果好。但超过 100m 的温室，各项操作均不便。长度过短，东西山墙遮阴面积比例大，有效面积小。

4. 高度　　是指温室屋脊（最高处）至地面的垂直距离。跨度确定以后，温室越高，采光面角度大，有利于采光，温度上升快、温度高，但太高，不利于保温，同时增加建造成本。一般以 $2.8\sim3.5m$ 为多。跨度小的矮些，跨度大的高些。

5. 采光面角度　　采光面角度影响太阳光进入室内量（透光率），进而影响温室内温度的上升速度和温度的高低。据研究，在相同跨度和高度情况下，采用圆——抛物面组合式采光面透光率最高，圆形和抛物面形采光面居中，一斜一立式和椭圆形采光面最差。考虑到果树树体较高大，为增加透光率，增加温室中前部空间，采光面底脚处以 $60°\sim70°$，中段 $30°\sim40°$，屋脊前 $10°\sim20°$ 为宜。

6. 后坡角度与宽度　　后坡应保持一定的仰角（后屋面与地面的夹角），仰角小遮阴多。一般仰角应略大于当地冬至正午时的太阳高度角，以保证冬季阳光能照满后墙，增加后墙的蓄热量。后坡面应保持适当宽度，以利保温。但后坡面过宽，春夏秋季室内遮阴面积大，影响后排果树生长。后坡面宽度设计要考虑采光和保温两个方面，冷凉地区后坡投影可短些；严寒地区可长些。一般后坡面投影长度占温室跨度的 20%～25% 为宜。

7. 墙体　　包括东、西山墙和北墙。墙体可起到蓄热保温和承重作用。墙体的蓄热保温性对温室的保温性影响最大。目前我国日光温室墙体建造材料有土质墙体、砖质墙体、聚苯乙烯保温板墙体及简易墙体等。

（1）土质墙体　　在温室墙体后面与温室田面上直接就地挖土夯实切削形成墙体（图 2-6）。墙体上面厚度：在江淮平原、华北南部为 $0.8\sim1.0m$，华北东北部、西北及东北严寒地区 $1.0\sim1.5m$。就地挖土建造墙体成本低、蓄热保温效果好，但土地利用率低，墙体易被雨水冲刷。建造墙体时，部分土从田面直接挖取，使温室的种植田面低于地面，形成半地下式温室（图 2-7）。土质墙体由于墙体厚、土热容量大，在严寒冬季夜间可较长时间向室内施放热量。因此，土质墙体日光温室夜间温度比其他类型墙体温室的夜间温度高，该温室是目前我国严寒地区主要温室类型。

图 2-6 土质墙体日光温室  图 2-7 半地下式日光温室

（2）砖质墙体   是指以各种砖（或石块）作为建造材料形成的墙体（图 2-8）。墙体厚度一般为 50～60cm（包括中间保温夹层）。砖质墙体牢固、美观，但蓄热保温效果比土质墙体差，成本高。为增加砖质墙体的保温性，可在墙体内设保温夹层，夹层内填充保温材料如干土、煤渣、珍珠岩及聚苯乙烯保温板等。在墙体外面增加聚苯乙烯保温板蓄热保温效果更好。另外，有些地区为提高砖质墙体的蓄热保温性，在外面进行培土。

（3）聚苯乙烯保温板墙体   是用 15～20cm 厚聚苯乙烯保温板外附彩钢瓦构成的墙体（图 2-9）。是近年来采用的一种新型保温墙体。由于聚苯乙烯导热系数仅为普通黏土砖的 5% 左右，因此墙体的保温性极强，温室通常表现为白天升温速度快。但墙体失去了蓄热能力，在遇到连阴天情况下，温室温度下降也快。

图 2-8 砖质墙体日光温室   图 2-9 聚苯乙烯保温板墙体
日光温室

（4）简易墙体   是广大农民在实际生产中，根据设施果树促成栽培对温度要求、当地的最低温度及产品产期的需求等特点，为降低设施建造成本，增加经济收入而建造的一种简易日光温室墙体。该温室一般采用骨架结构（多为立柱、竹木水泥混合结构），利用较牢固的骨架承载保温材料的重量，墙体建造时就地取材，如用稻草帘或绑扎成捆的玉米秸秆挂、立成墙体，一般在墙体的内外附以淘汰下来的温室采光膜（图 2-10、图 2-11）。该类型温室由于墙体没有蓄热能力、墙体的保温性差，因此温室的整体保温性差。一般适于冬季最低温在−15℃以上地区应用。

图 2-10　简易日光温室后墙　 图 2-11　简易日光温室后墙
与后坡

8. 后墙通风口　在后墙开设通风口是为了更有效地调节设施内的温度，以满足不同时期果树对温度的要求。如在初冬降温解除休眠时期，夜间可用通风口增加通风量降低温室内温度；7～8 月份高温时期，利用后墙通风口通风降温，防止近墙体处温度过高，影响后排果树的花芽分化等。一般每隔 3m 左右开设 1 个，通风口距地面高度 1m，大小 0.06～0.1m^2（图 2-12）。

9. 缓冲间　一般在日光温室的东山墙或西山墙开设一个门，并在门的外面盖一间小房，即为缓冲间（图 2-13）。其作用主要是防止冬季的冷空气直接进入温室，造成门口处温度过低，同时可用作临时休息室、换衣室或贮藏室。

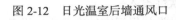

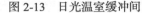

图 2-12　日光温室后墙通风口　 图 2-13　日光温室缓冲间

10. 防寒沟　设置防寒沟是为了防止热量的横向流失，提高室内地温。防寒沟一般设在室外，宽度 40～50cm，深度为当地冻土层厚度，沟内填干草或其他隔热材料，可使室内前沿 5cm 地温提高 4℃左右。防寒沟要封顶，以防雨水、雪水流入，降低防寒效果。

11. 采光膜（棚膜）　按生产原料可分为聚氯乙烯（PVC）棚膜、聚乙烯（PE）棚膜和醋酸乙烯（EVA）棚膜。设施果树促成栽培主要以冬季生产为主，要求棚膜的透光率高、保温性好，并且有长寿防雾效果。根据各地区气候特点，可选用下列塑料薄膜。

（1）聚乙烯双防膜　在聚乙烯树脂中添加防老化和防雾滴助剂吹制而成。使用寿命 1 年以上，具有流滴性，其他性能与普通聚乙烯膜基本一致。流滴持效期只有 2～3 个月。

（2）聚氯乙烯双防膜　　在聚氯乙烯树脂中加入增塑剂、耐候剂和防雾滴剂，经塑化压延而成。该膜在具有防老化和防流滴特性同时，保温性和透光性比普通膜好，透光率比普通膜高 30% 左右。在北纬 40° 以北寒冷地区应用最多。但这种棚膜经过高温强光季节后，透光率下降最快，甚至下降 50% 以上，由于加入增塑剂，聚氯乙烯双防膜的吸尘性强。另外，该膜密度大，单位面积覆盖棚膜质量大，成本高。

（3）聚氯乙烯防尘无滴膜　　在聚氯乙烯双防膜生产工艺的基础上，增加一道表面涂抹防尘工艺，使其表现附着一层均匀的有机涂料。这种膜既具有聚氯乙烯双防膜的特点，又可以阻止增塑剂向外表面析出，可以减少增塑剂吸尘，使透光率下降缓慢。覆盖时特别注意把涂面朝外，覆盖反了无滴和防尘功能都将失去。

（4）聚乙烯多功能复合膜　　采用三层共挤设备将具有不同功能的助剂分层加入制备而成，使其具有多种功能。如长寿、保温、全光、防病等功能。0.05～0.1mm 厚的多功能复合膜能连续使用 1 年左右，夜间保温性能比 PE 普通棚膜高 1～2℃。全光性达到能使 50% 的直射光变为散射光，可有效地防止因棚室骨架遮阴造成果树生长不一致的现象。每亩棚室用膜量比 PE 普通膜减少 37.5%～50%。

（5）乙烯 - 醋酸乙烯多功能复合无滴膜　　属于高透明、高效能薄膜。是用含醋酸乙烯的共聚树脂代替部分高压聚乙烯，用有机保温剂代替无机保温剂，从而使中间层的树脂具有一定的极性分子，成为防雾滴剂的良好载体，流滴性大大改善，雾小，透明度高，直射光透过率增加。

12. 外保温材料与卷帘机　　保温材料包括草帘、纸被及保温被等。

（1）草帘　　草帘是传统的覆盖保温材料，由芦苇、稻草等编制而成，其导热系数小，可使温室在夜间的热消耗减少 60% 以上。一般稻草帘的宽度为 1.5m，芦苇帘的宽度 2m 以上，厚度 5cm 左右。草帘的保温性主要取决于其厚度与密度。为了提高设施保温能力，有的地区还采用双层草帘重叠覆盖保温方法。

（2）纸被　　一般由 4～6 张牛皮纸复叠而成。在寒冷地区，草帘下加一层纸被，增加了空气间隔层，从而提高了保温性。据测试，增加一层由 4 张牛皮纸叠合而成的纸被，可使室内最低温度提高 3～5℃。纸被保温效果虽好，但投资高，易被雪水、雨水淋湿，寿命短，故不少地方用旧塑料薄膜将纸被夹在中间使用，以延长其使用寿命。

（3）保温被　　是近年来开发出的新型保温材料，由几种材料覆合而成。内层是厚型无纺布、针刺毡和纤维棉等，外层是经防水、防老化处理的薄型无纺布、防雨绸或镀铝薄膜。保温性好，质地轻、防水、美观耐用，但一次性投入高。

（4）卷帘机　　卷帘机是用于日光温室或大棚自动卷放保温帘的农业机械设备，根据安放位置分为前式（华北地区）、后式（东北地区广泛采用）。前式卷帘机（图 2-14）由卷帘杆、卷帘机主机与支杆组成。卷帘杆与保温材料底部连接固定，卷帘机主机动力输出轴与卷帘杆相连，支杆上端与主机相连、下端固定于地面，随着主机的转动，带动卷帘杆卷起或放下保温材料，主机一同随卷帘杆在前室面上移动。后式卷帘机（图 2-15）一般置于温室的后墙上，主机与卷帘杆相连，安装保温材料时，在保温材料下每隔 2m 左右放一较粗的绳，绳的一端固定在后坡上，绕过保温材料，绳的另一端固定在卷帘杆上，随着主机与卷帘杆的转动，缠绕绳子把保温材料卷起或放下。由于卷帘杆与主机较重，采用前式卷帘机防风效果较好。

图 2-14　前式卷帘机 　　　　图 2-15　后式卷帘机

【知识点】日光温室、玻璃日光温室、竹木结构日光温室、一斜一立式日光温室、钢架结构日光温室。日光温室基本结构设计要求。

【技能点】表述日光温室的类型与特点；表述日光温室基本结构设计要求。

【复习思考】

1. 简述日光温室的主要类型及特点。

2. 简述日光温室基本结构设计要求。

任务二　塑料棚的认知

【知识目标】掌握塑料棚类型及其特点；掌握单栋塑料大棚基本结构设计要求。

【技能目标】能够表述塑料大棚类型及其特点；能够指导塑料大棚的建造。

一、塑料棚类型

塑料棚就是将塑料薄膜覆盖在特制的支架上而搭成的棚。根据塑料棚高度、跨度及占地面积把塑料棚分为三大类。

塑料小棚：中高 1m 或 1m 以下，宽度 1.5～3m，长 10～15m，面积 15～45m²。

塑料中棚：中高 1.5～1.8m，宽度 3～6m，长 10m 以上，面积 30～60m²。

塑料小棚和中棚空间小，一般只用于草莓的设施促成栽培（图 2-16）。

图 2-16　塑料小棚

塑料大棚：中高 2m 以上，甚至 3～5m，跨度 8～16m，长 50～60m，面积 400m² 以上。塑料大棚空间大，适于木本果树生长，同时生产管理人员可在棚内自由活动与操作管理。

塑料大棚按照屋面形状可以分为圆拱形大棚和屋脊形大棚；按照棚头数量分为单栋大棚和连栋大棚（图 2-17）。

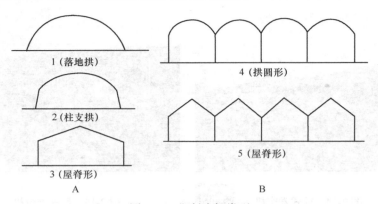

图 2-17 塑料大棚类型
A. 单栋 B. 连栋大棚

北方果树设施促成栽培是主要是在严冬（12 月至翌年 1 月份）与早春进行。传统塑料大棚只覆盖薄膜，保温性差，在严冬不能满足果树的生长；早春利用塑料大棚进行促成栽培，提早成熟时间有限，同时早春伴随气温的快速回升，白天塑料大棚内温度又难于调控（温度过高）。因此，用于果树设施促成栽培的塑料大棚一般为圆拱形单栋外加保温材料大棚或多层薄膜覆盖大棚（如秦皇岛市昌黎县用于葡萄生产的大棚，外覆盖 1 层标准棚膜，内挂 2～3 层超薄膜，图 2-18）。连栋大棚建造成本高，初冬降温困难不利于解除休眠，严冬保温性差，不能满足果树生长的需要。因此，利用连栋大棚进行果树促成栽培的较少，通常只见于大型企业建设的休闲观光采摘园（图 2-19）。

图 2-18 覆盖三层薄膜大棚

图 2-19 连栋大棚葡萄

二、单栋塑料大棚类型与基本结构设计要求

（一）类型

1. 竹木结构大棚（图 2-20） 多以竹木为拱杆建造的大棚，建造容易，成本低，经济实用，是目前我国大棚设施促成栽培的主要设施类型之一。其基本构造包括立柱、拱杆、拉杆、吊柱（悬柱）、棚膜、压杆（或压膜线）、地锚等（图 2-21）。

立柱：起支撑拱杆的作用，多为水泥柱，粗度为 8～10cm，纵横直线排列。中间立柱最高，向两侧逐渐变矮，形成自然拱形。

图 2-20 竹木结构大棚

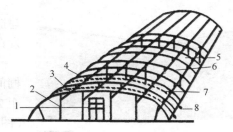

图 2-21 竹木结构大棚结构
1. 门 2. 立柱 3. 拉杆（纵向拉梁） 4. 吊柱
5. 棚膜 6. 拱杆 7. 压杆（或压膜线） 8. 锚

拱杆：是支撑大棚膜的骨架，可用粗度 4～8cm 的竹木，按大棚的跨度与弧度连接而成。拱杆两端插地下，其余部分横向固定在立柱顶端。为确保大棚的强度，通常每 0.8～1.0m 设置一道拱杆。

拉杆：纵向连接立柱，使大棚骨架成为一个整体，防止拱杆（或立柱）侧倒。拉杆一般设于拱杆下 20cm 处，以利棚模压紧。可用粗度 3～4cm 竹木，也可用铁丝。

压杆（或压膜线）：在棚膜外两个拱杆间设一压杆（图 2-22）或压膜线，两端与地锚相连，起到压实、压紧棚膜作用，防止棚膜被风吹起。

图 2-22 大棚压杆

2. 钢架结构大棚 以钢筋、钢管焊接双梁平面拱架或异型钢制作的拱架代替竹木结构的拱杆支撑大棚膜。具有外保温材料的大棚，为增加大棚的荷载能力，一般沿大棚延伸方向在大棚的中间设一加强梁，并埋设立柱支撑。

双梁平面拱架可自己焊接制作，造价较低，使用寿命 15 年以上，经济实惠，同时抗雪灾能力较强，是我国北广泛应用的钢架结构大棚（图 2-23）。

单梁拱架主要是由 U 形异型钢直接弯制成拱架。用 U 形异型钢制作单梁拱架大棚是近年来开发的新型拱架材料，目前开始广泛采用（图 2-24）。

图 2-23 双梁平面拱架结构大棚

图 2-24 U 形异型钢单梁骨架大棚

图 2-25 东西两侧大棚间距

（二）基本结构设计要求

1. 大棚方向 原则上要求南北延长设计建造。这样棚内果树受光均匀，有利果树的生长发育；个别受到地形所限也有东西建造的。

2. 棚间距 南北延长大棚，南北两头的棚间距一般为脊高的 1.7 倍左右；东西两棚间距 2～3m，以免相互遮阴，并便于安装卷帘机（图 2-25）。

3. 长度 大棚长度 50～60m 居多，超过 100m 管理不便。

4. 跨度 跨度为大棚两侧的间距。带外保温材料的大棚一般跨度为 12～16m。

5. 脊高 脊高为大棚最高点距地面的距离。脊高要适中，过高对荷载要求高，保温差；过矮影响透光，不利通风降温。一般竹木结构大棚脊高为 2.0～2.5m，钢结构的脊高为 2.8～4.5m.

6. 保温材料与卷帘机 塑料大棚所用保温材料与卷帘机和日光温室相同，只是需要在大棚的两侧同时安装两台（图 2-26、图 2-27）。

图 2-26 两台前式卷帘机

图 2-27 两台后式卷帘机

【知识点】塑料棚，塑料小棚、中棚、大棚，连栋塑料大棚，单栋塑料大棚，竹木结构大棚，钢架结构大棚。

【技能点】能够表述塑料棚的类型与特点；表述塑料大棚基本结构设计要求。

【复习思考】

1. 简述用于果树促成栽培塑料棚的主要类型及特点。

2. 简述塑料大棚的基本结构设计要求。

项目二 栽培树种与品种

任务一 树种的认知

【知识目标】掌握设施果树促成栽培树种应具备的条件。

【技能目标】能够根据市场需求、区域发展情况及园区特点对种植树种进行选择。

从广义上讲，任何果树树种均可利用栽培设施对环境的调控作用进行促成栽培，使果实成熟期比露地栽培提早，以延长果品的供应期，同时减少不利环境因素对果树生长的影响，扩大种植区域、增产提质、提高果品生产的安全性。但设施生产与露地生产相比，需要建造栽培设施，投入高。如建造1栋普通型日光温室（种植面积1亩）一般需要10万～15万元。因此，只有能产生高效益的树种，才能进行大规模商品果生产。从目前我国社会经济现状与市场需求看，这些果树树种应具备以下基本条件。

1. 营养价值高，果实鲜食消费群体大，需求量大　　即该树种的果品具有较高营养价值，深受广大人民群众的喜爱。有些树种的果实虽然具有较高营养价值，但由于果品口感及长期食用习惯等因素影响，消费群体小，食用量少，如山楂、石榴、李等树种。果实鲜食量大的树种有苹果、葡萄、桃、草莓、梨、香蕉、柑橘等。

2. 该树种果实不耐贮藏，季节性非常强，年周期果品供应有空缺　　随着贮藏技术的进步，有些树种的果实在保证品质没有明显下降情况下，可贮藏半年以上，在年周期中，可实现周年供应。如苹果、梨等。只有果实不耐贮藏，季节性非常强，年周期中有果品供应空缺的树种才适于设施生产，以延长果品供应期，提高经济效益，如草莓、桃、葡萄、杏、甜樱桃等。

3. 通过设施栽培产期的调控，果品上市期应处于水果供应的淡季　　在夏秋季节，正是各种果品与蔬菜的集中上市时期，年周期中也是果品价格较低的时期，消费者可选果品类型很多。在这一时期，人们不会因对某一特定高价果品的喜爱，而大量消费。冬季与春季由于受自然条件的限制，市场上的果品均为贮藏果品，不能贮藏的果品供应出现空缺。冬季春节期间是我国人民相对集中高消费期；春季，上年贮藏的果品已基本食用殆尽或因长期贮藏果品质量明显下降，当年果品又不能上市，此时正是全年果品最缺少的时期，也是果品价格较高的时期。因此，设施果树促成栽培产期调控上市时期应在冬季与春季。

4. 所选树种应有8月份前上市的中早熟优良品种　　果树设施促成栽培产期调控的重点是冬季或早春上市，受木本果树生长结实性与设施环境调控能力的限制，只有选择具有中早熟品种的树种，才能在相对较低的成本投入下，实现冬季和早春上市，实现较高的经济效益。

另外，近年来也有人利用果实发育期极长的极晚熟品种进行设施延迟栽培，以求春节前上市。此种方式果实在树上的管理期长，相对促成栽培增加了管理成本与难度。

综上所述，目前我国设施果树促成栽培的树种主要是落叶果树中的草莓、桃、葡萄、甜樱桃、杏、李等，其中草莓、桃、葡萄的种植面积最大。对于休闲观光园、科普园应选择多树种、多品种种植，但不符合上述条件的树种不宜种植过多。

【知识点】果园经营方式与树种的选择。可进行大量商品果生产的树种应具备的条件。
【技能点】能够表述可进行大量商品果生产的树种应具备的条件；表述不同经营方式果园树种选择时的区别。
【复习思考】
1. 简述可进行大量商品果生产的树种应具备的条件。
2. 为什么不同经营方式果园在树种选择上有区别？

任务二　品种的认知

【知识目标】掌握设施果树促成栽培品种具备的条件。
【技能目标】能够表述设施果树促成栽培品种应具备的条件。

　　根据北方果树的生长结实习性、产期调控重点与效益分析等，用于设施果树促成栽培的品种应具备以下特点。

　　1. 果实发育期短的中早熟优良品种　　选用中早熟品种，在冬季12月至翌年3月份利用栽培设施创造适宜果树生长的环境条件，才能使果实成熟期提早到春季3～5月份。

　　2. 休眠期短需冷量低的品种　　休眠期越短，解除自然休眠所需时间越短，设施升温时间越早，果树的萌芽、开花与果实成熟越早。选用无休眠的品种更好，这样在果树完成花芽分化后的秋季即可升温。如目前草莓的超促成栽培中，选用超短需冷量的红颜和章姬等品种，秋季草莓完成花芽分化后的10月份即开始升温，果实春节前上市。

　　应注意：果实发育期短的中早熟品种不一定休眠期短，休眠期短的品种也不一定是果实发育期短的中早熟品种。只有选用果实发育期和休眠期均短的品种，成熟期才能更早。

　　3. 鲜食品质好的优良品种　　果树设施促成栽培生产的果品主要用于鲜食。鲜食品质即包括果实的内在品质，又包括外在品质。内在品质要求果实应有的各种营养物质含量要高，口感好；外在品质要求果个大、色泽好、光洁度高、果形端正或具有特异性。

　　4. 易成花、坐果率高、生长势中庸　　设施栽培是在一个特定的空间内种植果树，而多数果树为木本乔化树种，树体较高大。一般易成花、坐果率高、生长势中庸的品种表现为生长缓和，早期丰产性强，通过早期丰产可有效地控制果树的营养生长，以适应设施栽培有限的生长空间。

　　5. 抗性强，对设施内环境适应性强　　设施果树促成栽培主要是在冬春季进行，设施内的环境主要表现为低光照、短日照，易出现极端的低温甚至高温。因此要求选用的品种对弱光、短日照和极端温度抗性强，对光照和温度的变化适应性强。另外，冬季生产过程中，为了保持设施内适应的温度，通风换气量较小，设施内的湿度较大，易诱发病害，要选用抗病性强的品种。

【知识点】设施果树促成栽培品种应具备的条件。
【技能点】表述设施果树促成栽培品种应具备的条件。
【复习思考】简述设施果树促成栽培品种应具备的条件。

项目三　果树休眠与解除休眠

任务一　休眠的认知

【知识目标】掌握休眠的概念和意义；掌握休眠对果树设施促进栽培的影响。
【技能目标】能够表述休眠、自然休眠、被迫休眠等名词概念；能够根据休眠特点，指导设施果树促成栽培生产。

　　休眠是指果树的芽或其他器官生命活动微弱，生长发育表现停滞的现象。根据产生休眠的诱因及解除诱因后果树的生长表现。休眠可分为被迫休眠和自然休眠（又称为真休眠）。被迫休眠是指不适宜的环境因素等造成果树生长停滞现象，一旦诱因解除，果树可回复生长。自然休眠是指落叶果树为了适应冬季低温而产生的一种自然现象，是进化过程中形成的一种对环境条件和季节性气候变化的生物学适应。进入自然休眠后，即使给予适宜的环境条件，果树也不能正常的萌芽和生长，只有经过一定时间的低温过程解除休眠后，在适宜的生长环境条件下才能正常萌芽和生长。通常所说的休眠即为自然休眠。落叶果树进入休眠是一个渐进与不断深化的过程，处于深休眠阶段时抗寒性最强。果树芽的休眠通常在枝梢停长的夏季开始，但并非整株树上的芽一起开始，而是从枝梢基部的芽依次到上部的芽进入休眠。不同树种开始进入休眠的时间及休眠持续时间不同，主要受树种与品种的遗传性决定。

　　北方果树设施促成栽培的实质是在冬季利用栽培设施（日光温室或大棚等）为果树生长创造适宜的生长环境，解除冬季不适宜环境因素的限制，提早萌芽、生长和成熟。但由于落叶果树存在休眠现象，秋季果树完成花芽分化后不能立即升温，限制了提早生长时间。因此，研究并掌握果树休眠规律及解除休眠的方法是关系到设施果树促成栽培的关键。

【知识点】自然休眠、被迫休眠。
【技能点】能够表述自然休眠，被迫休眠的概念；表述休眠的意义及对果树设施促成栽培的影响。
【复习思考】简述自然休眠对落叶果树的意义及对果树设施促成栽培的影响。

任务二　需冷量与解除休眠

【知识目标】掌握需冷量的概念与计算方法；了解一般果树的需冷量；掌握提早解除休眠的方法。
【技能目标】能够根据温度记录数据计算有效低温处理量，并对休眠解除程度进行判断；能够正确完成各种提早解除休眠的技术操作。

一、需冷量的概念与计算方法

　　落叶果树为适应冬季的严寒，在进化过程中形成了休眠，为解除休眠（真休眠），果树必须经过一定时间的低温过程才能使芽发生质变（在适宜环境条件下正常萌发与生长），这种一定时间的低温称为冷温需求量（简称需冷量）。在需冷量未达到种植品种的需求时升温，会造成萌芽开花延迟、萌芽率低、不整齐、持续时间长等现象。解除休眠所需的需冷量受树种、品种的遗传性决定。

　　对于需冷量的度量目前还没有适合各个树种、品种的统一有效方法。常用的方法有两种。

　　1. 冷温小时数（chilling hours，记作 CH 或 h）　是指经历 7.2℃ 以下低温的小时数。在 20 世纪 30～50 年代，一般以 7.2℃ 以下温度作为计算果树需冷量的标准，现仍为不少学者所采用。这种计算方法认为 7.2℃ 以下低温效果都一样，但事实并非完全如此。另外这种标准也未考虑大于 7.2℃ 的温度效果，与自然条件及生物体的多样性不符。

2. 冷温单位（chilling unit，记作 CU）　1974 年，美国犹他州立大学的 Richardson 等人在总结冷温对休眠作用效果研究成果的基础上，提出了一个对冷温计算和估测的新模型，即犹他冷温单位模型（The Chillunit Model），又称"犹他模型"（Utah model）。在这个模型中，6℃ 被作为冷温积累的最适温度，其他温度的冷温效果依据距离 6℃ 的多少来评估（表 2-1）。越靠近 6℃，冷温效果越佳。低于 1.5℃ 无作用，大于 16℃ 时呈副作用。许多试验结果支持这种理论，以后人们对其作了进一步修正，使该模型更接近实测值，并可方便地利用已有气象记录研究冷温与解除休眠的关系，指导设施果树促成栽培升温时期。

表 2-1　温度与冷温单位转换表

温度（℃）	冷温单位（CU）
1.4	0
1.5～2.4	0.5
2.5～9.1	1.0
9.2～12.4	0.5
12.5～15.9	0
16.0～18.0	−0.5
18.1～21.0	−1.0
21.1～23.0	−2.0

二、一般果树的需冷量

近年来，国内外不少学者对许多果树树种、品种的需冷量进行了研究。一般认为，在 0～7.2℃ 条件下，多数果树 200～1500h 可以通过休眠。如苹果、梨为 1200～1700h，无花果、草莓为 100～300h，目前设施促成栽培中常用的葡萄品种需冷量为 600～1200h。高东升等采用犹他加权模型先后对 5 个树种、65 个常见设施栽培木本果树的品种需冷量及相关特性进行了研究，认为葡萄、甜樱桃的需冷量最高，桃最低，李、杏居中。陈登文等用冷温单位法对杏的 39 个品种低温需求量进行了测定，认为辽宁、新疆、青海、甘肃等地区的品种比陕西关中、河南、山东、山西等地区品种的低温需求量高，陕西南部地区品种的低温需求量最低。姜卫兵等用冷温小时数法对桃、葡萄和梨 3 个树种、26 个品种的需冷量进行了研究，认为葡萄的需冷量较高（700～1100h）、桃次之（450～850h），梨（主要是砂梨）较低（440～700h）。

三、提早解除休眠的方法

1. 选育需冷量低的品种　此法是缩短落叶果树休眠期，实现严冬与早春果品上市，促进设施果树促成栽培产业发展的根本。国内外在草莓的低需冷量品种选育上成果最为突出，尤其是日本。日本先后推出了需冷量小于 100h 的超短需冷量品种，如丰香、女峰、春香、静宝、红颜、章姬等，这些超短需冷量品种的出现，使设施促成栽培草莓的成熟期提早到 12 月份。我国的短低温桃资源丰富，多家研究机构自 20 世纪 80 年代中期以来开展了短低温需冷量品种的选育。中国农业科学院郑州果树研究所已得到需冷量为 400～500h 的桃、油桃及其观赏桃花新品系，如南山甜桃需冷量为 200h；山东农业大学园艺学院选育的春捷桃需冷量为 108～120h。但用这种方法仍存在选育周期长、育种效率低等问题，同时选育出的低需冷量品种的果实品质、果实发育性状等不一定完全符合设施促成栽培品种的需求。

2. 施用外源化学物质　自 20 世纪 40 年代以来，人们已开始用外源化学物质替代低温处理以解除果树的休眠。氨基氰是目前所用的主要药剂，并在葡萄、猕猴桃、李和杏以及某些需冷量较高的桃和梨品种、无花果上都表现了良好的效果。在日本应用最早的是氨基氰的类似物——石灰氮（$CaCN_2$）。近年来，国内多家研究机构及公司开发出了以单氰胺为主要成分的破眠剂，广泛应用于葡萄、桃等树种的破眠处理。其他药剂或激素类物质如 TDZ、硫脲、乙醚、NH_4NO_3、6-BA、GA 等也可用于打破果树的休眠。

应注意，目前所有开发使用缩短休眠期的破眠剂，在落叶木本果树上使用时均不能完全替代低温处理解除休眠，仅在需冷量基本满足之前施用有效。

3. 利用环境调控 低温处理是解除果树休眠的最有效方法。为了使果树尽早解除休眠，可采取以下 3 种辅助降温方法。

（1）机械制冷法 在栽培设施内安装机械制冷设备，解除休眠阶段通过机械制冷使栽培设施内温度控制在解除休眠最有效的温度范围内（6～9℃）。这种方法低温累积最快，提早解除休眠效果最好。但安装设备费用高，机械制冷需要消耗大量能源，成本高。目前国内仅有少数研究机构采用此方法。

（2）加冰降温法 山东农民对极早熟、价值高的甜大樱桃在落叶后随即采用冰块降温的办法辅助降温，促使温室内的甜樱桃尽快度过休眠期。此方法需要大量的冰源，费用也较高。

（3）反保温法 我国北方地区当秋季夜间温度降低到9℃以下时，安装好日光温室的采光膜和保温材料。日出前关闭通风口、放下保温材料，利用保温材料的避光、保温能力，维持温室内较低的温度；日落后卷起保温材料，打开通风口，利用夜间的自然低温，尽可能地降低温室内的温度，使昼夜温度最大限度地维持在解除休眠最有效温度范围内（6～9℃）（图2-28），加快有效低温的累积，促使果树提早解除休眠。当白天 15 时前后温室内温度稳定低于9℃后，夜间不再卷起保温材料，进行 24h 扣棚处理。这样可以防止夜间温度过低（低于 0℃），利于休眠的解除，同时可防止设施内土壤温度过低，有利于升温后土壤温度的提升。此方法操作简单，不需要增加费用。我国北方设施果树促成栽培中多用此法加快果树休眠的解除。

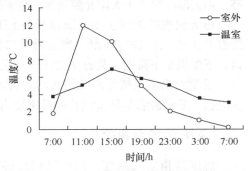

图 2-28　反保温处理温室内外温度变化
（11 月 21 日）

【知识点】需冷量、解除休眠、冷温小时数、冷温单位、反保温法。

【技能点】能够表述需冷量、冷温小时数、冷温单位、反保温法；表述需冷量的计算方法和各种提早解除休眠的方法。

【复习思考】

1. 何为需冷量、冷温小时数、冷温单位及反保温处理？

2. 如何计算果树的需冷量？

3. 提早解除果树休眠的方法有哪些？

项目四 设施环境与果树生长

任务一 设施环境变化规律与调控

【知识目标】掌握栽培设施内温度、湿度、光照、CO_2 的变化规律。
【技能目标】能够对栽培设施内温度、湿度、光照及 CO_2 进行合理调控。

栽培设施内影响果树生长结果的主要环境（气象因素）包括空气温度、湿度、光照、CO_2 等。

一、温度变化与调控

日光温室或大棚白天气温的变化以太阳光照（辐射）强度为转移。白天气温的变化趋势与露地相似，日出后，随太阳光照强度的增强，气温逐渐上升。密封条件下，8～11时室温上升最快，每小时上升 5～10℃，最高气温出现在 13 时左右，14 时后开始下降，日落前下降最快。带有保温材料的日光温室或大棚，下午放帘后温度可回升 1～3℃，以后逐渐下降，到第二天起帘时温度降至最低。

夜间温度的高低主要取决于设施的密封性、保温性、储热能力，白天的储热量及夜间的室外温度。设施密封性、保温性能好，同时墙体的储热能力强，白天温度高，夜间温度高；白天温度取决于太阳光照强度，晴天光照强，温度上升快，白天维持高温时间长。

白天温度的调控主要是通过开关上下通风口实现。当温度超过所需最高温度时，首先打开上通风口进行降温，当上通风口打开 20～30cm 宽温度还超高时，再打开下通风口；下午温度下降时，先逐渐关闭下通风口，最后关闭上通风口。

温度对设施果树促成栽培成功与否有质的影响。如果调控不当会造成严重减产，甚至绝收，是设施栽培环境调控的最主要内容。

二、湿度变化与调控

湿度是指空气湿度，用空气相对湿度表述。设施果树促成栽培主要是在冬春季进行，为了维持设施内较高的温度，栽培设施经常处于密闭状态。由于土壤水分蒸发与作物的蒸腾作用，设施内空气湿度较高，夜间经常达到 90%～100%。在密闭情况下，温度与湿度的关系是：气温升高空气相对湿度下降，气温降低相对湿度升高。气温为 5℃时，每提高 1℃，相对湿度下降 5%；气温为 10℃时，每提高 1℃，相对湿度下降 3%。冬春季节室外空气湿度较低，通风换气可显著地降低室内空气湿度。由图 2-29 可知：晴天，种植甜樱桃的日光温室上午起帘时温度为 11.8℃，湿度为 100%，温度上升到 22℃时，湿度快速降低到 68.5%，之后通过通风换气，使温度稳定在 20～22℃，在通风换气的前 2h，湿度由 68.5% 急速下降到 29.8%，并稳定在 24%～32.1%；下午 15 时 22 分关闭通风口后湿度快速上升到 62.5%，到 18 时 22 分，湿度上升到 92.6%。在阴天不进行通风换气情况下，由于白天温度低（11～13℃），整个白天空气相对湿度在 90% 左右，夜间达到 100%（图 2-30）。

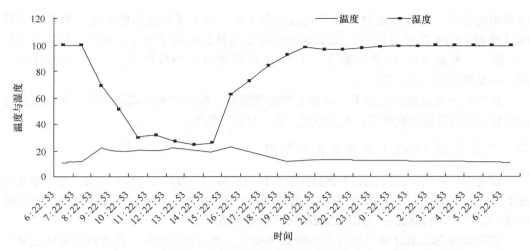

图2-29　24h日光温室内气温与空气相对湿度变化（晴天，2011.3.9）

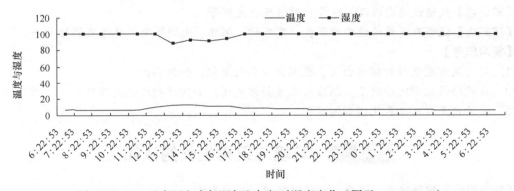

图2-30　24h日光温室内气温与空气相对湿度变化（阴天，2011.2.27）

降低空气湿度的方法主要有通风换气、覆盖地膜，有条件的可在阴天气温低时使用除湿机或辅助增温等。

设施内空气湿度对果树直接影响最关键的时期是开花期。湿度大，影响花粉的释放、传粉，导致坐果率低。另外湿度大易造成病害的发生与漫延。

三、光照变化与调控

1. 光照强度　　由于采光膜的吸收、反射及设施骨架的遮挡等原因，栽培设施内的光照强度均低于自然光强。一般日光温室内光照强度只有外界自然光强的70%～80%，大棚内只有60%～70%。另外设施内光照强度在垂直方向变化较大。日光温室近采光膜处光照强度为80%，距地面0.5～1.0m处为60%，距地面20cm处只有55%；南北方向上光照强度差距较小，在距地面1.5m处，每向北延长2m，光照强度平均相差15%左右；东西山墙内侧大约各有2m的空间光照条件较差，温室越长这种影响越小。

2. 光照时间　　由于设施果树促成栽培主要是在冬季节进行，是年周期中光照时间最短的季节。带有保温材料的日光温室和大棚，为了维持较高的温度一般在日出后或日落前 1~2h 揭帘或放帘，比原本就短的冬季日照时数又短了 2~4h。如最寒冷的 1 月份，一般在 8 时 30 分后揭帘，下午 16 时前放帘，一昼夜只有 7h 左右的日照时间，不见光时间长达 17h。

在合理采光设施的前提下，改善光照的措施有：选择透光率高的薄膜；在温度允许的前提下适当早揭帘晚放帘；人工补光，铺、挂反光膜等。

四、二氧化碳（CO_2）浓度变化与调控

设施内二氧化碳浓度在上午卷起保温材料时最高，一般可达 1%~1.5%。此后浓度迅速下降，如不通风到上午 10 时左右达到最低，可达 0.01%，低于自然界大气中二氧化碳浓度（0.03%），抑制光合作用，造成果树"生理饥饿"。

增加设施内二氧化碳浓度的方法除通风换气、增施有机肥外，还有施用固体或液态二氧化碳，使用二氧化碳发生仪，利用秸秆生物反应堆等。

【知识点】栽培设施内温度、空气相对湿度、光照等。
【技能点】能够表述栽培设施内温度、空气相对湿度、光照等变化规律及调控方法。
【复习思考】
1. 日光温室或塑料大棚内白天、夜间温度如何变化？如何调控？
2. 在栽培设施密闭情况下，温度与湿度如何变化？如何调控设施内湿度？
3. 设施内光照与二氧化碳如何变化？

任务二 环境与果树生长的认知

【知识目标】掌握温度、湿度、光照对果树生长的影响。
【技能目标】能够根据果树生长对温度、湿度、光照的需要，确定设施内温度、湿度等调控指标。

年周期中，果树的正常生长发育是果树与所需环境条件的统计与协调。从春到秋伴随着气候变化，果树各器官呈现一定的生长规律，完成器官的建造与发育。这种与季节性气候变化相适应的果树器官的动态时期称为生物气候学时期，简称物候期。外界环境的变化，如温度、雨量、光照等气象因子，在一定范围内能改变物候期的进程。在气象环境因子中对果树生长发育与坐果影响最大是温度、湿度和光照。

一、温度

温度对果树器官生长发育的影响主要表现在三基点温度和有效积温两个方面。

三基点温度是指果树器官生长发育的最适温度、最低温度和最高温度。处于最适温度时器官生长发育正常，生长速度最快，处于最高或最低温度时生长发育过程受阻或完全停止。超过最高、最低温度将导致死亡（表 2-2、表 2-3）。

表 2-2 康拜尔葡萄果实产生日烧温度与时间

温度（℃）	产生日烧需要时间（h）		
	绿色果	浓红果	紫黑色果
40.0	4.0	32.0	48.0
42.5	3.5	21.0	21.0
45.0	1.0	12.5	12.5
47.5	0.7	5.5	5.5
50.0	0.7	2.5	2.5

表 2-3 几种果树不同物候期的冻害危险温度

树种	蕾期（着色）	开花期	结实期
樱桃	$-5.5 \sim -1.7$	$-2.8 \sim -1.1$	$-2.8 \sim -1.1$
桃	-1.7	-1.1	-1.1
葡萄	-0.6	-1.6	-1.1
杏	-1.1	-0.6	0
李	-1.1	-0.6	-0.6

不同果树由于原产地不同，生长季对温度热量的要求不同，表现为年生长周期中物候期的进展不同，或相同物候期所需温度不同。秦皇岛地区，杏开花期一般为 3 月底至 4 月上旬，甜樱桃、桃、李为 4 月中下旬，苹果 4 月下旬，葡萄 5 月底至 6 月上旬。

植物在达到一定的温度总量时才能完成其生活周期，通常把高于一定温度的日平均温度总和称为积温。对果树来说，在综合外界条件下能使果树萌芽的日平均温度为生物学零度，即生物学有效温度的起点。一般落叶果树的生物学有效温度的起点多在平均温度 6～10℃，常绿果树为 10～15℃。生长季中生物学有效温度的累积值为生物学有效积温（简称有效积温或积温）。各种果树在生长期中，完成器官的发育均需要一定的积温，受树种、品种的遗传性决定。在一定范围内，积温累积快，会加快器官的发育，缩短器官发育期；反之，积温累积慢，器官的发育速度会减缓，延长器官的发育期。

早春气温变化对萌芽、开花早晚影响最大。据研究，桃、梨、苹果、葡萄等果树开花期早晚，主要受盛花前 40d 气温变化影响；在果树设施促成栽培中，主要受升温到开花期间温度影响。平均气温或平均最高气温越高，积温累积越快，开花越早，反之晚。不同温度加温处理李、桃、苹果、梨的结果枝，到盛花期所需天数见表 2-4。高温处理，加快了花的发育速度，开花早，但有可能导致花粉或胚珠畸形败育或开花与性细胞发育不同步等现象，造成坐果率低。据边卫东等对 12 月 20 日前后升温的设施栽培樱桃、桃、梨等切片观察，升温后 25d（正常需要 35～45d）内达盛花期的樱桃、桃花粉、胚珠发育畸形败育（图 2-31），梨表现胚囊发育滞后。正常开花的梨，开花期胚囊应发育完全，形成 8 核胚囊，但高温处理的温室栽培梨，开花期胚囊仍处于单核或双核发育期（图 2-32），即表现为开花时胚囊未发育完全，不能受精，形成不成种子。大崎、德永将玻璃温室栽培的玫瑰露葡萄由 2 月 20 日开始加温，分为急剧升温处理，即白天 25～30℃，夜间 20～25℃及缓慢升温处理，即最初一周内白天 15～20℃，夜间 10～15℃；第二周白天 15～25℃，夜间 15～20℃两种。结果急剧升温的萌芽及开花虽比缓慢处理得早，但是开花却很不整齐，并且每个结果枝果穗少，每个果穗的长度也差（表 2-5）。

表 2-4 各种果树枝条加息处理与开花所需天数

种类	处理开始期	到盛花期所需天数		
		21℃	26℃	31℃
李	1 月 28 日	10	8	7
桃	2 月 2 日	13	9	8
苹果	4 月 1 日	12	11	7
梨	3 月 7 日	13	9	7

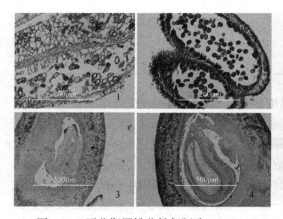

图 2-31 开花期樱桃花粉与胚珠
1. 温室樱桃花粉 2. 露地樱桃花粉
3. 温室樱桃胚珠 4. 露地樱桃胚珠

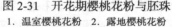

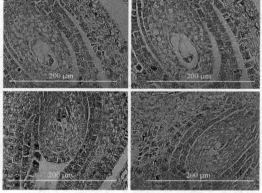

图 2-32 开花期梨胚囊
1、2. 露地梨胚囊 3、4. 温室梨胚囊

表 2-5 玫瑰露葡萄萌芽期室温变化与果穗发育的关系

	迅速升温区	缓慢升温区
无果穗枝（%）	10.62	8.21
每果枝上果穗数（个）	1.46	1.63
果穗长度（cm）	16.0	17.0

温度对果实发育也有重要影响。伊东研究了昼夜温度对草莓果实增大和成熟的影响。结果表明：在昼夜温度均为 9℃时，果实最重，为 27g，但发育期最长，为 102d；昼夜温度均为 30℃时，果实最小，仅有 8g，果实发育期缩短到 20d。小林等对玫瑰露葡萄果粒生长期进行昼夜恒温处理，结果表明：以 20℃和 25℃果粒最大，依次是 15℃和 30℃；从采收期果粒着色看，以 25℃着色最早，依次是 30℃、20℃、15℃，即高温促进了果实发育，成熟也早。但是，30℃温度过高，15℃又过低，因此玫瑰露葡萄果粒生长的适温为 20～25℃。

果树设施促成栽培中，不同物候期温度调控指标的确定，应参照不同果树原产地或主栽区不同物候期的温度来确定，并在适宜范围内提高或降低温度，加快或延缓器官的发育，以求更高的经济效益。如果调控的温度超过栽植树种或品种的适应范围，会导致果树器官发育受阻或败育，影响果实产量与品质，甚至造成绝收。

二、湿度

湿度包括土壤湿度与空气湿度。土壤湿度是对土壤含水量的表述。土壤含水量过高，土壤颗粒间的空间多被水占有，土壤含氧量不足，会抑制果树根系的呼吸，影响根系与地上部的生长，严重缺氧时会导致果树死亡。果树能适应土壤水分过多的能力为抗涝性。各种果树对水涝的反应不同，落叶果树以枣、葡萄、以杜梨为砧的中国梨、柿等较耐涝，最不耐涝的是核果类的桃、樱桃、李等。土壤含水量不足同样会对果树的生长发育产生抑制作用，严重不足时（土壤含水量达到永久萎蔫系数）会导致果树死亡。一般土壤含水量达到田间最大持水量的80%时最为适宜，果树根系与地上部生长最快。在实际生产上，可根据不同时期果树生长的需要，调控土壤含水量，以达到促进或适度抑制果树的生长。果树萌芽展叶新梢快速生长期、果实迅速生长期，要通过灌水增加土壤含水量，促成器官的快速生长；花芽分化前、果实采收前要停止灌水，使土壤含水量低些，促进花芽分化和提高果实品质等。

空气相对湿度低，空气干燥，加快土壤和果树树体（茎、枝、叶、果等器官）水分的蒸发与蒸腾作用。长时间空气湿度过低会造成土壤和树体缺水，严重时导致萎蔫，甚至死亡。空气湿度过高，会抑制土壤和树体的蒸发与蒸腾作用，在光照强时会造成土壤和树体温度过高，影响果树生长。当空气湿度达到100%以后，会造成树体表面凝聚水分，空间形成雾。另外，空气湿度高，宜于病害的发生与传播。在设施果树实际生产中，应根据不同物候期的要求，对空气湿度进行调控。果树萌芽前要适度增加空气湿度（80%～90%），以防枝条失水发生抽条现象，促进萌芽；开花期至花冠或花萼脱落期，要适度降低空气温度（30%～50%），促进花粉的释放、传播与花冠、花萼的脱落；果实发育期空气相对湿度要求50%～60%。

三、光照

光照对果树生长的影响，主要是通过光照强度、光照时间。日光是绿色植物光合作用的能源，因此光照强度与光照时间对果树总体光合产物量有直接影响，进而影响到果树器官的发育。一般高等植物同化补偿点为自然光的1/13～1/15。根据对各种果树的测定，在5～6月份，每平方米叶面积在一天的净同化量晴天时为5g左右。对篱架葡萄进行覆盖遮光处理，当透光率降低18%时，净同化量随之减少27%。利用不同树种苗木进行遮光试验，在遮光率达到57%时，苗木干物质量只有自然光照苗木重量的21%～84%，其中以苹果最低，依次是梨、桃、葡萄、蜜柑，以柿及无花果影响最小，表现耐阴性最强。开花期光照强度对坐果率的影响，主要是通过对环境（温度、湿度）与光合作用的影响产生作用。开花期光照不足，温度低、湿度大，光合产物量小，造成坐果率低，较强的光照使设施内温度较高、湿度低，光合产物量大，有利于坐果。果实发育期光照不足、光照时间短，整体造成光合产物量减少，影响果实的生长与果实品质。

设施果树促成栽培，主要是在冬春季进行，与露地果树生长季节相比，属于光照强度低、光照时间短，不利于果树的生长。但就目前实际生产看，在不增加光照强度与光照时期的情况下，基本可满足现时生产要求，而直接改善光照（安装补光灯）需要较高的设备费与能源消耗费。因此，现阶段多从设施设计与建造方面改善光照，辅助挂、铺反光膜及安装补光灯。

【知识点】物候期、三基点温度、生物学零度、有效积温、空气相对湿度。

【技能点】能够表述物候期、三基点温度、生物学零度、积温、空气相对湿度等名词概念；表述温度、湿度、光照对果树生长的影响。

【复习思考】

1. 何为物候期、三基点温度、生物学零度、有效积温？

2. 简述三基点温度、有效积温与果树器官生长发育的关系。

3. 简述湿度和光照对果树生长结实的影响。

草莓设施促成栽培

【教学目标】了解草莓的种类与品种特性；掌握草莓的生长结实习性及对环境的要求；掌握草莓设施促成建园的基本知识与技能；掌握草莓设施促成栽培技术。

【重点难点】草莓生长结实习性；草莓设施促成栽培技术。

项目一　种类与品种

任务　种类与常见品种认知

【知识目标】了解草莓的种类；掌握常见草莓品种的特性。

【技能目标】能够掌握常见草莓品种特点，指导生产中种植品种的选择。

一、种类

草莓属于蔷薇科（Rosaceae）草莓属（*Fragaria*），有 47 个种。其中有利用价值的有以下几个种。

1. 野生草莓（*F.vesca* L.）　亚洲、非洲部分地区以及整个欧洲均有分布。

叶面光滑，背面有纤细茸毛；花序高于叶面，花梗细，花小，直径 1.0～1.5cm，白色，两性花；果小，圆形或长圆锥形，红色或浅红色；萼片平贴，瘦果凸出果面。其变种四季草莓（*F. vesca* var. *semperflorens*）果小，种子较大，种子发芽力极强。

2. 蛇莓（*F. elatior* Ehrh.）　整个欧洲均有分布，野生与栽培品种都有。

植株较高大；叶大，淡绿色，叶面有稀疏茸毛，具有明显皱褶，叶背密生丝状茸毛。花序显著高于叶面；花大，直径 2.5cm，白色，雌雄异株。果较小，长圆锥形，深紫红色，有明显颈状部分，萼片反卷；肉松软，香味极浓。

3. 东方草莓（*F. orientalis* Los.）　分布在我国东北、内蒙古地区，朝鲜以及苏联西伯利亚东部，可作抗寒育种原始材料。

形态与蛇莓相近，不同点是该种为两性花。花序与叶面等长稍高，花大，直径 2.5～3.0cm，花萼与花瓣等长。果圆锥或圆形，红色，萼片平贴，瘦果凹入果面。

4. 西美洲草莓（*F. platypetala* Rydb.）　北美自阿拉斯加到加利福尼亚均有分布，国外用作抗寒育种原始材料。

叶大，叶面深绿色，叶背浅灰蓝色，花序与叶面等高。花大，花萼与花瓣等长。果扁圆形，红色，萼片平贴，瘦果凹入果面。

5. 深红莓（*F.virginiana* Mill.）　分布于北美，18 世纪已有栽培，到 19 世纪中叶广泛栽培。大果草莓出现之后，该种的纯种在栽培上罕见，目前为栽培品种的主要亲本之一。

叶大而软，叶面罕有茸毛，叶背具丝状茸毛，花序与叶面等高。花中大，直径 1～2cm，白色。果扁圆形，深红色，具颈状部。萼片平贴，瘦果凹入果面。

6. 智利草莓（*F. chiloensis* Duch.）　分布于南美，18 世纪中叶至 19 世纪中叶广为栽培。19 世纪末叶大果草莓出现后，目前只在南美有纯种，为栽培品种的主要亲本之一。

叶革质化，叶面光滑，有光泽，叶背密生茸毛，花序与叶面等高。花大，直径2～2.5cm，白色，通常雌雄异花。果大，扁圆形或椭圆形，淡红色，髓有空心。萼片短，紧贴果面，瘦果凹入果面。

7. 凤梨草莓（*F. xananassa* Duch.）　别名大果草莓，其来源说法不一，目前大多数人认为是智利草莓与深红草莓的杂交种；也有人认为是智利草莓的直接变种。目前栽培的优良品种，大多是出自该种，或该种与其他种杂交产生。

二、常见品种

1. 章姬　日本品种，目前是日本主栽品种之一。

果个大，第一级花序平均单果重40g，最大单果重130g，果实长圆锥形，整齐，畸形果少，一级果比例高。果色鲜红，有光泽，外观整齐。果肉淡红色，果心白色，肉质细腻，味浓甜、芳香，柔软多汁，品质极佳。种子红色或黄绿色，密度中等，陷入果面。果实较软，不耐储运，宜在八成熟时采摘。

植株健旺，植株高25～30cm，株幅30～35cm，叶片大，厚而深绿，平滑有光泽，腋芽分生能力较强，匍匐茎多，繁育子株能力强。植株对高温、低温耐受能力比丰香强。

生长势强，丰产性较好，平均亩产2200kg以上。花芽分化较早，匍匐茎苗生根后容易形成花芽。中抗炭疽病，易感白粉病。需5℃以下低温50h解除休眠，属浅休眠品种。目前主要用于促成栽培。

2. 红颜　又称红颊、红脸颊、日本99，日本品种，早熟品种。

果个大，第一级花序平均单果重40g，最大单果重120g，果实圆锥形，果面平整，种子黄而浅绿，稍凹入果面。果肉橙红色，质密多汁，可溶性固形物含量可达15%，高于一般草莓品种。香味浓香，品质极佳，果皮红色，有光泽，韧性强，硬度较大，较耐储运。

植株较高（25cm），结果株径大，分生新茎能力中等，叶片大而厚，椭圆形，色深绿，边缘锯齿粗且深，叶面革质平滑，有光泽，叶柄浅绿色，基部叶鞘略呈红色，匍匐茎粗，抽生能力中等，花序梗粗。

生长势强，丰产性好，平均亩产2000kg以上。抗炭疽病、白粉病能力中等。属早熟、浅休眠品种，目前主要用于促成栽培。

3. 甜查理　美国早熟品种。

果个大，第一级花序平均单果重50g，最大单果重105g。果实圆锥形，果面鲜红色，有光泽，果肉橙色并带白色条纹，种子（瘦果）稍凹入果面，髓心较小而稍空，硬度大，甜脆爽口，香气浓郁，适口性极佳。浆果抗压力较强，较耐储运。

植株生长势强，叶片大，绿色到深绿色，近圆形，匍匐茎较多。

丰产性强，单株结果平均达500g以上，亩产量可达3000kg以上。抗灰霉病、白粉病和炭疽病，但对根腐病敏感。休眠期浅，适合我国南方多种栽培形式。

4. 宝交早生　日本中熟品种。

果实较大，第一级花序平均单果重18g左右，最大单果重35g以上；果实短圆锥形；果面深红色，表面有光泽；果肉橙红色，质地柔软，汁液多，酸甜适口，有香味，品质极佳，但耐储运性较差。

植株生长势中庸，株形开张，匍匐茎生长势强，繁殖力高。叶片深绿色，中等厚度，长椭圆形，叶面光滑，质地较硬。叶柄长而粗，浅绿色。

该品种适应性好，在我国南北方均能栽培。较耐高温，对白粉病、轮斑病抗性强，对黄萎病、灰霉病抗性差。平均亩产量2000kg，需5℃以下低温400～500h解除休眠，适合露地和半促成栽培。

5. 丰香　日本早熟品种。

果实较大，第一级花序平均单果重20g，最大单果重57g。果实短圆锥，果面粉红色或鲜红色，有光泽，外观整齐。果肉白色，髓心实，肉质细软致密，果汁多，风味甜多酸少，香气浓郁，品质极上。种子黄绿色或红色，分布均匀，略凹入果面。果实硬度中等，但果皮韧性强，较耐储运。

植株生长势较强，株形开张。匍匐茎抽生能力中等。叶片大而厚，有光泽，近圆形，茸毛少。叶柄长而粗，花序梗中等粗，较直立。

该品种丰产性较好，平均亩产量2000kg以上。不抗白粉病、对黄萎病抗性中等。需5℃以下低温50h解除休眠，属浅休眠品种。目前主要用于促成栽培，果实春节前可上市。

6. 枥乙女　日本早熟品种。

果实较大，第一级花序平均单果重32g，最大单果重65g。果个均匀，果实圆锥形，果面鲜红色，有光泽。果面平整，外观漂亮。果肉淡红色，果心红色，肉质致密，果汁多，酸甜适口，香味浓，品质极上。种子黄绿色，密度中等，平于果面或略凸出果面。果实硬度较大，储运性较强。

植株生长旺盛，株形较直立；叶浓绿，叶片大而厚，叶面光滑平展；叶柄长而粗，呈浅绿色；花序梗斜生，较粗。

该品种丰产性较好，平均亩产量2000kg以上。抗白粉病能力优于丰香和幸香。需5℃以下低温100h解除休眠，适合促成栽培和半促成栽培。

7. 鬼怒甘　日本早熟品种。

果实较大，第一级花序平均单果重31g，最大单果重76g。果实圆锥形，果面平整，橙红色，有光泽。果肉鲜红色，肉质细嫩，品味甜酸，有香味，汁液较多，风味佳。种子黄绿色，分布均匀，凹陷于果面。果实硬度较大，较耐储运。

植株长势强健，株态直立，几乎无生长衰弱期。匍匐茎抽生多，繁殖力强。叶片长椭圆形，深绿色，花序梗粗而长。

该品种连续结果能力强，丰产性好，平均亩产量2200kg。适应性广，抗寒，耐高温，对白粉病和灰霉病的抗性较强，易感染蛇眼病。为花序多、果个大、叶片少的品种，在栽培上应注意疏花、轻摘叶。需5℃以下低温80h解除休眠，适合促成栽培。

8. 幸香　日本中早熟品种。

果实较大，第一级花序平均单果重28g，最大单果重75g。果实圆锥形，果面红色至深红色，有时具棱沟。果肉浅红色，肉质致密、细嫩，有特殊的清香味，香甜适口，品质极优。种子有红色和黄绿色之分，密度中等，陷入果面着生。果肉硬度明显大于章姬和丰香，是现有日本草莓品种中储运性最好的品种之一。

植株生长势中等，株形直立，匍匐茎发生较多。叶片常绿色较厚，长圆形。叶柄较长，粗度中等。

该品种丰产，一般日光温室栽培亩产2500kg。幸香花芽分化迟，同等条件下成熟期比丰香晚 10～15d。植株易感染白粉病和叶斑病。需 5℃ 以下低温 150h 解除休眠，适合促成栽培和半促成栽培。生产中注意幸香的栽植密度应大于丰香，主要原因是幸香叶片较小，植株较直立。

9. 女峰　　日本中早熟品种。

果实较大，第一级花序平均单果重 20g，最大单果重 41g。果实圆锥形，果面鲜红色，果形整齐而有光泽。果肉浅红色，肉质细，果汁多，风味酸甜适度，香味浓，品质极上。种子黄绿色或红色，中等大小，陷入果面。果实硬度较大，较耐储运。

植株生长势强，株形高大直立。匍匐茎抽生能力强，可二次抽生匍匐茎。叶片大而薄，浓绿色，长椭圆形，叶面光滑，质地硬；叶柄较长，黄绿色。

该品种产量中等，花芽分化较早，设施栽培中易受蚜虫危害。需 5℃ 以下低温 80h 解除休眠，适合促成栽培和半促成栽培。

10. 春旭　　早熟品种，由江苏省农业科学院园艺研究所育成。

第一级花序平均单果重 15g，最大单果重 36g。果实长圆锥形，果面鲜红色，果面平整。果肉红色，肉质细，果汁多，果心小，心实，味香甜，品质优。种子较小，黄绿色，略凹入果面。果皮较薄，果实硬度较小，耐储运性较差。

植株生长势中等，株形较开张；匍匐茎抽生能力强，繁殖系数较高；叶片绿色，较小，呈长圆形，厚度中等，叶面平滑有光泽；叶柄绿色，细长、基部略带红褐色。

该品种丰产性较好，平均亩产 2000kg。适应性强，植株耐热，耐旱，也耐低温，抗白粉病。需 5℃ 以下低温 50h 解除休眠，适合促成栽培和半促成栽培。

> 【知识点】野生草莓、蛇莓、东方草莓、西美草莓、深红莓、智利草莓、凤梨草莓；章姬、红颜等。
> 【技能点】表述野生草莓等不同种草莓特点；表述常见草莓品种的特点。
> 【复习思考】
> 1. 草莓的主要种有哪些？各有何特点？
> 2. 常见草莓品种有哪些？各有何特点？

项目二　生物学特性

任务一　生长习性认知

> 【知识目标】掌握草莓根、芽、茎类型与生长习性；掌握草莓匍匐茎生长习性及影响匍匐茎产生的因素；掌握草莓花芽分化规律及影响花芽分化的因素。
> 【技能目标】能够对草莓茎、芽类型正确识别；能够根据草莓根、茎、芽生长习性进行生长调控；能够根据影响草莓花芽分化的因素，对草莓花芽分化进行调控。

草莓是多年生常绿草本植物，植株矮小，呈平卧丛状生长，高度一般不超过 30cm（图 3-1、图 3-2）。春季栽植当年结果，秋季栽植第二年春季结果，盛果年龄 2～3 年，具有结果早、产量高、收益快、适应性强和易管理等特点。

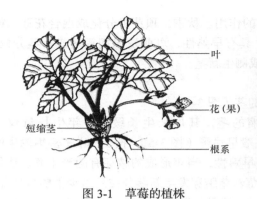

图 3-1　草莓的植株

图 3-2　草莓植株

一、根及生长

草莓的根由着生在新茎和根状茎上的不定根组成，属于茎源根系。主要是从叶柄基部发出，通常 20～30 条。根的加粗生长较小，达到一定粗度就不再继续加粗，加长生长量也很小。无骨干根，都是须根（图 3-3）。在土壤中分布较浅，一般在 20cm 范围内，20cm 以下则明显减少。

露地栽培情况下，草莓年生长周期中根系的生长有 2～3 个生长高峰。早春根系生长比地上部植株早 10d 左右，开始主要是由上年秋季发生的白色越冬根伸长，随后是根状茎和新茎上发生

图 3-3　草莓苗（根系）

新根，一般在花序初显期达到第一次生长高峰。随着开花和幼果的增大，根系生长逐渐缓慢下来。果实采收后，在新茎和匍匐茎苗生长期进入第二次生长高峰。从 9 月中下旬到越冬前，随着叶片养分的回流，根系生长形成第三次高峰。

随植株年龄的增加，新茎产生的部位逐渐升高，随之发生不定根的部位也随之升高，甚至露出地面。当表土水分不足或营养不足时就会影响到新根的发生，甚至导致根系的死亡，冬季也易引起冻害。草莓一般到第三年，着生于衰老根状茎上的根系开始衰老死亡，而后根状茎也从下至上逐渐死亡，随之地上植株死亡。

由于上述原因，草莓的生长与其他木本果树不同，随着年龄的增长，生长势越来越弱，旺长期一般 3 年。

在草莓的促成栽培情况下，草莓秋季定植至第二年 6 月份，整个生产过程中多次进行摘叶、抽生新茎以及开花结果，加快了根系上浮。因此，实际生产中一般采用一年一栽制。

二、芽、茎、叶及生长

（一）芽

草莓植株上的芽，按其着生部位分为顶芽和腋芽；按其性质分为花芽、叶芽和潜伏

芽。顶芽着生在新茎的顶端,具有延伸新茎的作用。秋季,顶芽可分化成混合花芽,第二年开花结果。腋芽着生于新茎的叶腋里,具有早熟性,可萌发成匍匐茎或新茎分枝。不萌发的腋芽变成潜伏芽,潜伏芽萌发时形成侧生新茎。

(二)茎

草莓的茎有 3 种,即新茎、根状茎和匍匐茎(图 3-4)。

1. 新茎　　新茎是草莓的当年生短缩的茎,其加长生长缓慢,年生长量仅有 0.5~2cm,但加粗生长相对较旺盛。新茎一般呈弓形(图 3-5),按 2/5 叶序密集轮生叶片,在每片叶的叶腋间形成腋芽,腋芽具有早熟性,当年形成的腋芽有的当年萌发成匍匐茎,有的当年萌发成新茎的侧生分枝。草莓新茎腋芽发生新茎分枝的多少主要与品种、年龄有关。如同为春季栽植的当年生苗到秋季,紫晶品种每株平均有 9.2 个分枝,而扇子面仅有 3.2 个分枝;同一品种一般随年龄的增长产生分枝能力增强,最多可达 25 个以上。其次与栽植时期及苗木的质量有关,一级苗早栽至当年秋季发生的分枝相对较多。

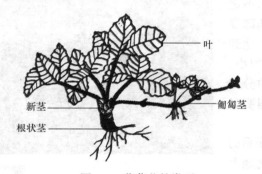

图 3-4　草莓茎的类型

图 3-5　草莓新茎

新茎的顶部着生顶芽,顶芽到秋季分化成混合花芽,次年春季萌发后又抽生出新茎,呈假轴分枝。当混合芽萌发出 3~4 片叶时,花序就在下一片未伸展出的托叶鞘内露出。

2. 根状茎　　是草莓的多年生茎,草莓的新茎在生长后期其基部发生不定根,到第二年当新茎上的叶片全部枯死脱落后,成为外形似根的根状茎。

由于根状茎是由茎演变而来,因此具有节和年轮,是贮藏营养物质的器官。生长到第三年,首先从下部老的根状茎开始逐渐向上,内部由髓部逐渐向外先变褐、后变黑,着生其上的根系也随之死亡。因此,根状茎愈老,其地上部的生长愈差。

新茎上不萌发的腋芽成为根状茎的隐芽,当草莓的地上部受损伤时,隐芽就萌发出新茎,并在新茎基部形成新的根系迅速恢复生长。

3. 匍匐茎　　是草莓的一种特殊地上茎,也是草莓的营养繁殖器官,是由新茎上的腋芽当年萌发形成。匍匐茎抽生之初向上生长,长到超过叶面高度时,由于茎过细而下垂匍匐于地面向前生长。多数品种匍匐茎的偶数节上可形成匍匐茎苗。首先在第二节的部位向上发出正常叶长出新茎,向下形成不定根,当接触地面后即扎入土中,形成一株匍匐茎苗。随后在第 4、6 等偶数节处连续形成匍匐茎苗。有的品种当年有抽生二、三次匍匐茎的能力。即匍匐茎苗在叶腋间当年形成腋芽,当年萌发继续形成匍匐茎,在偶数节上继续形成匍匐茎苗,表现出多次分枝能力。草莓抽生匍匐茎多,分枝能力强,产生匍匐茎苗就越多，繁殖系数越高；反之，产生匍匐茎苗少，繁殖系数低。

草莓抽生匍匐茎的能力主要与品种、环境、休眠解除程度、生长调节剂及栽培技术有关。

不同品种遗传特性不同，产生匍匐茎的能力不同。如宝交早生、春香、丽红等品种，匍匐茎发生的能力较强，一年一株可产生10多条匍匐茎，每个匍匐茎可产生2～3株匍匐茎苗，这样一株种苗一年可产生几十株，甚至上百株匍匐茎苗。但达那、四季草莓产生匍匐茎的能力差，一般每株可抽生3～4条匍匐茎，每条匍匐茎至少能形成两株匍匐茎苗。

环境主要指草莓生长期的日照与温度。温特曾研究过日照和温度对匍匐茎发生的影响。结果表明，8h日照不发生匍匐茎，只有在12h以上才产生匍匐茎。同时表明，温度在14℃以下，也很少产生匍匐茎。匍匐茎的发生必须在12h以上的日照和17℃以上的温度。日本滕目研究表明宝交早生品种在13.5～14h日照下，25℃的温度发生的匍匐茎最多。即匍匐茎的产生需要长日照和较高的温度。

匍匐茎的发生还与它在休眠期间低温的满足程度有关。如在休眠期没有完全满足低温的需要，发生匍匐茎少，甚至不发生；如完全满足了低温的需求则发生匍匐茎多。

生长调节剂主要是指赤霉素，它能促使匍匐茎发生。因此对一些匍匐茎发生少、繁殖系数低的品种，用赤霉素处理可显著促进匍匐茎的产生，提高出苗率。赤霉素浓度一般为30～50mg/kg，处理时期可在6、7月各喷一次。

同一品种如管理好、施氮肥多，则生长势强、产生的匍匐茎多；管理差、施氮肥少，则生长弱、产生的匍匐茎亦少；结果多的产生匍匐茎少，结果少的产生匍匐茎多。

（三）叶

草莓的叶为三出复叶（图3-6），具常绿性。在叶柄的前端着生3枚小叶，小叶的形状有圆形、椭圆形、倒卵形等。总叶柄基部与新茎相连的部分有两片托叶合成鞘状包于新茎上，称为托叶鞘。总叶柄长度10～20cm，叶柄中间对称地附着一对小叶，叶柄上有茸毛，茸毛着生的角度因品种而异。

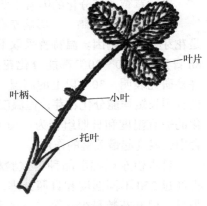

图3-6 草莓叶

一年中由于外界环境、植株营养状况及栽培管理的变化，不同时期发生的叶片寿命不同，在30～130d。而秋季萌发的叶片，在适宜环境与保护下，能保持绿叶越冬，来年春季生长一个阶段后才枯死，被早春萌发的新叶所代替，其寿命可延长到200～250d。越冬叶保留多，对提高当年产量起到良好的作用。

一年中叶片随着新茎的生长陆续出现，也相继老化枯萎。由于植株上经常保持一定的片数，因而新老叶在一年中有更替现象，不同时期发生的叶片，其形态大小也不一致。从开始着果到果实采收前，该期间发出的叶片其大小、形状有代表性和典型性。

三、花芽分化

草莓是多年生草本植物，其花芽分化速度快，完成形态分化所需时间短。影响花芽分化的因素较单纯，效果显著。通过对影响花芽分化因素的调控，目前完全可以调控草莓花芽的分化时间与分化程度。

在自然条件下，草莓新茎经过生长季的旺盛生长后，在秋季低温与短日照的诱导下，开始花芽分化。花芽中单个花蕾的分化顺序是萼片、花瓣、雄蕊和雌蕊（图3-7）。分化初期仅需4～5d，花序分化期约需16d，分化期为9月中下旬至10月上中旬。花芽的分化先从顶花芽开始，20～30d后腋花芽开始分化。

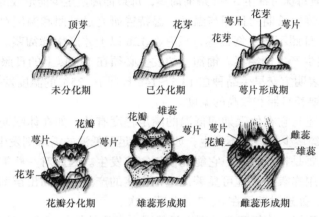

图 3-7　草莓花芽形态分化过程

影响草莓花芽分化的因素主要有以下几个方面。

（1）温度与光照　　影响草莓花芽分化的最主要因素是温度与日照，低温和短日照是花芽分化的诱因。温特曾采取不同日照和温度组合对马歇鲁草莓进行处理。结果表明，8h日照下，10～20℃都能分化花芽；12h以上的日照，17℃以上的温度均不分化花芽。许多研究表明，30℃以上的高温，不论日照长短都不分化花芽；而10℃以下的低温，不论日照长短均能分化花芽；但温度低于5℃，草莓进入休眠，停止分化。诱导草莓花芽分化的适宜温度和日照组合为：10～17℃的低温和12h以下的日照时数。在温度与日照组合中，温度起最关键的作用。

日本伊东以福羽品种为试验材料，经过25d的低温和短日照处理，在花芽分化后，再经过25d不同温度和日照处理，结果表明，25℃温度和24h日照处理，第一花序开花最早，但开花数最少，第二花序无花；昼夜温度在17℃以下，10h光照，第一花序开花最晚，但花芽分化最多。以上事实说明，诱导花芽分化与促进花的发育所需条件正好相反。高温长日照促进了花芽的发育，而不利于花芽的分化；相反，低温、短日照有利于花芽的分化，而不利于花芽的发育。因此在草莓促成栽培中，不要升温过早，要保证有足够的低温和短日照处理的时间，使花芽充分分化，增加花芽与花朵数量，提高产量。第一批次果实接近采收完时，应降低设施内的温度，诱导花芽的第二次分化，以实现促成栽培的多次结果，增产、增效。

（2）氮素　　草莓植物体内氮素水平对花芽分化有重要的影响。研究证明，苗期施用氮肥过多，氮素水平高，可延迟花芽分化时间，推迟2周左右。在自然条件下，秋季能满足10～17℃的低温时间短。因此，延迟2周分化后，因温度很快下降到5℃以下，使草莓进入休眠，停止分化，造成花芽及花朵数量少，产量低。为促进草莓花芽分化，在花芽分化前，必须严格控制氮肥的使用。

此外，可采用断根或假植的方法。试验证明，断根（或假植）可在短期内阻止根系对氮素的吸收，使植物体内氮素水平下降。断根后氮素水平急剧下降，15d后下降到最低水平，以后又开始急剧上升，第25天达到断根前的水平。因此选择最适宜的时期断根或移植，对控制植物体内氮素，促进花芽分化就显得特别重要。在北京地区一般在8月下旬到9月上旬断根比较合适，断根早，气温高，日照长，尽管氮素水平低，但仍不能分化花芽；断根过晚，秧苗生长期和花芽分化期短，形不成大量花芽，也会影响产量。如果采用花芽分化前移栽的方法则可在8月中下旬进行，给秧苗一段缓苗的时间。

花芽分化要求低水平的氮素，但在花芽分化后追施氮肥，则有利于花芽发育，而且在花芽分化后追施时间越早越有利于产量的提高。花芽分化后如9月25日追施氮肥的效果最好，追肥时间越晚，结果越少，产量越低。

（3）激素 激素对花芽分化也有重要作用。汤姆在短日照情况下研究了赤霉素对草莓花芽分化的影响。试验表明，在短日照下，赤霉素浓度越高，花芽分化越少，50mg/kg以上的浓度则不分化花芽，说明赤霉素对花芽分化有抑制作用；但是赤霉素却促进了匍匐茎的发生和生长，且浓度越高，促进作用越明显。此外，脱落酸对草莓的花芽分化有促进作用。

（4）摘叶 摘叶可控制植物体内抑制花芽形成的物质。汤姆逊研究了在长日照下摘叶对花芽分化的影响。结果表明，摘除成叶比摘除幼叶更有利于花芽分化，全部摘叶效果更好，即使在16h的长日照下也能分化花芽。但全部摘叶植株难以长期存活，因而实用价值不大。

在自然条件下，不同地区由于低温来临早晚及秋季温度下降快慢不同，花芽分化的早晚，分化和发育的长短以及发育程度的高低亦不同，这就决定了不同地区草莓产量的高低。在我国北部高纬度的寒冷地区，秋冬来得早，温度降低快，虽然花芽分化早，但花芽继续分化的时间短，花芽分化少，多以顶花芽结果，因此单株产量较低。在保护地人工控制温度的条件，要适度延迟花芽分化的时间，增加花芽分化数量及花朵分化数量，可提高草莓产量。

【知识点】花芽、叶芽、混合花芽，根状茎、新茎、匍匐茎、花芽分化。

【技能点】表述草莓根、芽、茎类型与特点；表述草莓匍匐茎发生规律、花芽分化规律及影响匍匐茎、花芽分化的因素。

【复习思考】

1. 草莓植株有何特点？
2. 草莓根系分布与生长有何特点？
3. 草莓茎芽类型有哪些？各有何特点？
4. 影响草莓匍匐茎产生的因素有哪些？各有何作用？
5. 简述草莓花芽形态分化进程。
6. 简述影响草莓花芽分化的因素与作用。

任务二　结实习性认知

【知识目标】掌握草莓花器构造与开花特点；掌握草莓授粉受精特点及影响授粉受精的因素；掌握草莓果实发育规律及落花落果规律。

【技能目标】能够根据草莓开花与授粉特点，指导并完成授粉操作过程；根据草莓畸形果产生的原因，能够提出并实施各项降低畸形率的技术措施；根据草莓果实发育规律，能够提出并实施各项促进果实发育的技术措施。

一、花器构造与开花特点

　　草莓花冠（花瓣）为白色，大多数品种是两性花。花由花柄、花托、萼片、花瓣、雄蕊群和雌蕊群组成（图 3-8）。花托是花柄顶端膨大部分，呈圆锥形并肉质化，其上着生萼片、花瓣、雄蕊、雌蕊。萼片 5 枚，花瓣 5 枚，但有时花瓣多达 7～8 枚；雄蕊多为 5 的倍数，一般有 20～35 个；雌蕊离生，螺旋状整齐排列在凸起的花托上，依花的大小不同，雌蕊的数目也有差异，通常 60～100 个。少数品种雄蕊发育不完全或无雄蕊，为雌能花。

　　草莓花序为聚伞花序或多歧聚伞花序。品种间花序分歧变化较大，形式比较复杂。一个花序上可着生 3～60 朵花，一般为 7～20 朵。草莓花序分歧最典型的是二歧聚伞花序（图 3-9），花序轴顶端发育花后即停止生长，称为一级序花，在这朵花柄的苞片间生长出两个等长的花柄，形成二级序花，余下依此类推，形成三级序花、四级序花等。

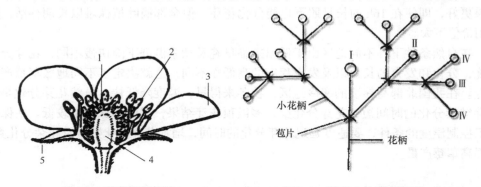

图 3-8　草莓花器构造
1. 雌蕊　2. 雄蕊　3. 花瓣　4. 花托　5. 萼片

图 3-9　草莓二歧聚伞花序

　　草莓花是陆续开放的，花期较长。先开的花坐果率高，形成大果，成熟期早；而后期开的花坐果率低，果个小，成熟期晚；最后期开的花往往只开花不结果，成为无效花。无效花多少与品种及栽培管理有关。大部分品种无效花在 10%～15%，高者可达 50%，无效花不坐果白白消耗养分。因此，管理上在开花前将后期才开的花蕾疏掉，从而使养分集中，提高浆果品质。生产上应增加花序数量（新茎数量）并疏除下部的花，以提高坐果率和产量，从而提高品质，而不能通过增加花序内的花数来提高产量。

　　草莓花在平均气温 10℃以上就能开放。

　　开花过程首先是花蕾最外侧的萼片展开，花瓣同时展开，花药随之向外侧倾斜伸展，开花时间因环境条件而异。温室内栽培时，日照充足的晴天，花瓣一般在午前展开，数小时之后花药纵向开裂散出花粉。低温条件下的露地栽培，花药要在开花后 1～2d 内开裂。从花开到落花一般需要 3～4d 的时间，在此期间完成授粉过程。

二、授粉与受精

　　草莓自花结实，传粉媒介主要是蜜蜂。附着于柱头上的花粉粒立即吸水膨胀并发芽，花粉管从柱头的细胞间隙深入到花柱内，再经过通导组织到达子房内。

　　花药开裂释放花粉受气候因素的影响。在低于 13℃ 的条件下花药一般不开裂，花药开裂的适宜温度是 14～22℃，适宜湿度为 30%～50%，温度过高花药也不易开裂。花粉发芽的适宜温度为 22～25℃，柱头接受花粉完成授粉及花粉管萌发的适宜湿度为 50%～60%。温度过高抑制花粉发芽，湿度过低柱头分泌黏液少，影响花粉发芽受精。

　　雌蕊的受精能力能维持到开花后 7～8d。但实际生产中，开花 4d 后花药中的花粉已飘落殆尽，花瓣也凋谢了，因此很少有传粉的昆虫光顾。

三、果实构造与果实发育

　　草莓果实为浆果，是由花托肥大形成，也称假果。其柔软多汁，果面呈红色、浅红色、橙红色或白色。果肉外部皮层镶嵌着许多像芝麻似的瘦果，即种子，这些瘦果是由每一个离生的雌蕊受精后形成的。其嵌于果实表面的深度因品种而不同，有平于果面、凸出果面和凹入果面的，是区别品种的重要特征。

　　草莓果实纵剖面的中心部位为花托的髓部，髓部因品种不同或充实，或有大小不同的空心，其外部为花托的皮层，种子嵌埋在皮层中，由维管束同髓部相连（图 3-10）。

　　草莓果实的形状因品种而异。常见的形状有扁圆形、圆形、圆锥形（包括短圆锥形、长圆锥形）、楔形（包括短楔形、长楔形）、椭圆形（图 3-11）等。果实形状是品种的重要特征之一。

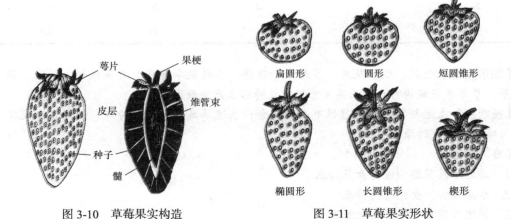

图 3-10　草莓果实构造　　　　　图 3-11　草莓果实形状

　　草莓果实生长发育规律呈典型的 S 形。开花到花后 15d 左右，果实的生长比较缓慢；在此之后的 10d 左右时间果实急剧增长，平均每天增重 2g 左右；而后再次减缓，直到成熟生长停止。

　　果实的生长是靠果实细胞分裂、细胞体积和间隙的增大而实现的。据海威斯对 4 个草莓品种的观察，从授粉到果实成熟，很少有细胞分裂。果实的 90% 靠细胞体积和间隙的增大。如果细胞间隙过分增大，果实髓部就会产生空洞。

　　果实的生长与种子有密切关系。一方面种子的多少影响果实的大小，种子越多，果实越大。另一方面种子在果实上的分布影响果实的形状。只有果实整个表面均布满种子，果实才能发育成品种固有的果形。在果实上，有种子的部位能正常发育，没有种子的部位不增长，凹陷进去，产生畸形果（图 3-12）。在设施栽培中，由于温度、湿度控制不当，造成授粉受精不良，最易形成畸形果。

图 3-12　草莓畸形果

　　果实的生长及成熟与温度的关系最密切。伊东研究了昼夜温度及温差对果实增大和成熟的影响（表 3-1）。结果表明：在昼夜温度均为 9℃时，果实最重，为 27g，但发育期最长，为 102d；昼夜温度均为 30℃时，果实最小，仅有 8g，果实发育期缩短到 20d。生长期温度宜控制在 15～25℃ 的范围内。在正常情况下，草莓早熟品种果实发育期为 25～30d，中熟品种为 45d 左右，晚熟品种为 50～60d。应根据市场需要，通过对温度的调控，适当调节果实的成熟期。

表 3-1　昼夜温度对草莓果实生长和成熟的影响

昼温（℃）	夜温（℃）	果重（g）	成熟天数（d）	积温℃
9	9	27	102	924
17	9	25	60	705
17	17	21	36	617
24	17	17	31	605
24	24	12	26	604
30	30	8	20	594

【知识点】雌能花、聚伞花序、多歧聚伞花序、二歧聚伞花序、自花授粉、浆果、假果；草莓开花授粉特点，果实发育规律及畸形果产生原因。

【技能点】表述与草莓结实习性有关的概念；表述草莓开花授粉特点、果实发育规律与畸形果产生的原因。

【复习思考】

1. 简述草莓花器构造与开花特点。
2. 草莓授粉、受精有何特点？
3. 简述草莓畸形果产生的原因。
4. 简述草莓果实发育规律与生长原因。

任务三　生长环境认知

【知识目标】掌握影响草莓生长结果的主要环境因素；掌握草莓对不同环境因素的要求。
【技能目标】能够根据草莓对不同环境的要求，指导设施生产中环境的调控与建园。

一、温度

春季气温达到 5℃ 时，草莓植株萌芽生长，地上部生长最适温度是 20~25℃，光合作用的最适温度为 20~25℃，气温低于 15℃ 和超过 30℃ 时生长和光合作用受到抑制。开花期最适宜温度为 25~28℃，低于 0℃ 或高于 40℃，都会阻碍授粉受精的进行，影响种子发育，导致畸形果率增加。结果期白天适温为 20~25℃，夜间适温为 10℃。较高的昼温能促进果实着色和成熟，但果个小，采收期提早；较低的昼温能促进果实膨大，形成大果，但过低的温度，会使果实着色不良。花芽分化适于在低于 17℃ 的低温条件下开始进行，而降至 5℃ 以下花芽分化又会停止，开始进入休眠。秋季植株经过多次轻霜及低温锻炼之后，抗寒力增加。一般能抗 −8℃。

草莓根系在 10℃ 时开始活跃，而根系最适宜生长的温度在 18~20℃。

二、水分

草莓根系分布浅（15~20cm），不耐旱、也不耐涝。由于叶片多，叶面积大，新老叶更新频繁，蒸腾量大。因此，在整个生长期间都要求有比较充足的水分供应。在抽生大量匍匐茎和刚栽苗时，对水分需求更大。不但要求土壤含有充足的水分，而且空气也要有一定的湿度。

草莓不同生育阶段，对水分要求也不同。苗期缺水，阻碍茎叶的正常生长，植株表现矮小，叶黄化，花芽分化不良。开花期水分不足，易导致花期缩短，花瓣卷于花萼内不展开，特别是在花后至果实迅速膨大期缺水，则坐果低，果实个小，严重影响产量和质量。果实成熟期要求适当控水，以增进果实着色，提高果实含糖量，增加果实硬度。生长季一般要求土壤相对含水量在 70%~80% 为宜，花芽分化期应适当减少水分，以 60%~65% 为宜。

草莓园也不宜灌水过多，大雨过后要注意排水。因为土壤中水分太多就会导致通气不良，根系会加速衰老死亡，进而影响地上部的生长发育；同时草莓的抗病性也降低。开花期空气湿度过大时，花药不开裂，影响授粉受精。

三、光

草莓是喜光性植物，但又比较耐阴。栽植密度过大时产生徒长，处于叶片下面的花序常因光照不足影响授粉受精，导致畸形果率增加，严重时就会影响到产量和品质。

草莓又比较耐阴，冬季在覆盖下越冬的叶片仍保持绿色，第二年春还能正常进行光合作用。生长季轻度遮阴也能生长，果实也能正常着色。

四、土壤

草莓根系浅，表层土壤的结构、质地及理化性质对其生长发育影响极大。适宜栽培草莓的土壤以疏松、肥沃、通气良好、保肥保水能力强的沙壤土为好。黏土地上种草莓，由于透气不良，根系呼吸作用和其他生理活动受到影响，容易发生烂根，结出的草莓味酸，着色不良，品质差，成熟期晚。在缺硼的沙土地上种草莓，易导致果实畸形，落花落果严重，浆果髓部出现褐色斑渍。

草莓适宜的土壤 pH 为 5.8～7.0，pH 小于 4 或 pH 大于 8 都会引起草莓生长发育不良。因此盐碱地或石灰性土壤不适宜栽培草莓。

【知识点】影响草莓生长结实的主要环境因素，如温度、水分、光照、土壤。
【技能点】表述影响草莓生长结实的主要环境因素及其作用。
【复习思考】简述草莓对温度、水分、光照、土壤的要求。

项目三　设施促成栽培

任务一　建园与栽植认知

【知识目标】掌握草莓建园中园地的选择；掌握草莓设施促成栽培形式及设施类型与品种的选择；掌握草莓栽植技术。
【技能目标】能够根据草莓设施促成栽培形式正确选择设施类型与种植品种；能够正确完成草莓优质苗选择、整地、栽植及栽后管理等操作。

一、园地选择

草莓对土壤的适应性非常强，在一般的土壤上均可生长。但要实现高产、优质，则必须栽植在疏松、肥沃、透水、通气良好的土壤中。草莓适于在地下水位不高于 100cm，pH 5.8～7.0 的土壤中生长。但在保定、天津等地，土壤 pH 较高，也有些品种能正常生长结果。沼泽地、盐碱地、石灰土、黏土和沙土不经改良都不适宜栽植草莓。由于草莓是草本植株，根系的主要分布区在地表下 20cm 内。因此，是否适于草莓的生长，在很大程度上取决于表土层。

草莓虽然对土壤要求不严，但草莓有较强的忌地现象。避免重茬应实行轮作，这样能提高草莓的抗病能力，减少畸形果。

二、设施栽培形式及设施与品种的选择

根据草莓果实的成熟期，设施栽培草莓可分成：半促成栽培、促成栽培、超促成栽培和抑制栽培 4 种形式。

超促成栽培指通过一些特殊的育苗方式，使花芽分化期比自然条件下提早，使定植期提前，以达到 10 月份成熟；抑制栽培是将前一年已经分化好花芽的秧苗，在春季未发芽前挖出，贮藏到冷库低温下抑制其生长，在生长季根据市场需求适时定植，满足夏、秋季果实的供应。以上两种栽培形式，均需要特殊育苗，成本高；另外夏秋季正是水果集中上市季节，除特殊需要外，经济效益较差。因此，我国实际生产中主要是进行草莓的半促成栽培和促成栽培。

（一）半促成栽培

半促成栽培是在草莓通过自然休眠后进行升温的一种设施栽培形式，主要满足2月份以后供应市场。

由于半促成栽培是草莓在自然条件下满足了需冷量的要求，不需要人工打破休眠或抑制休眠。开始升温的时期必须是在草莓解除休眠后进行，这是半促成栽培的关键。

半促成栽培所利用的设施类型，应是在当地最寒冷的12月上旬至翌年2月上中旬期间（尤其是1月份）夜间最低温度（低于5℃）不能满足草莓正常生长结果需要的低成本设施。如带外保温材料或不带外保温材料的小拱棚、塑料大棚及保温性差的日光温室（简易墙体温室）。选用的品种应是果个大、产量高、品质好、休眠期较长的品种，如甜查里、宝交早生、哈尼、硕丰、全明星等。

草莓虽然多数品种能自花结实，但异花授粉坐果率高、畸形果率低。另外有些品种花粉量少，如宝交早生、全明星等。因此，在同一设施内宜选用2～3个品种混栽。

（二）促成栽培

促成栽培是在草莓还未进入自然休眠之前进行保温，阻止其休眠，使其连续生长、开花结果，以达到比半促成栽培更早熟的一种设施栽培形式。促成栽培可在12月中旬开始采收上市，经济效益更高。由于促成栽培是在冬季最寒冷的季节生产，因此利用的设施保温性要好，在12月上旬至翌年2月上旬期间（尤其是1月份）夜间最低温度应在5℃以上。所以促成栽培一般都利用保温性能好的日光温室，在必要时应加温。选用品种的首要条件是需冷量低、休眠浅，其次是果个大、产量高、优质。目前生产上用于促成栽培的优良品种主要是红颜、章姬、春香、丰香、女峰、静香、秋香等浅休眠品种。

在同一设施内宜选用2～3个品种混栽。

三、栽植

（一）苗木的选择

草莓与其他木本果树不同，在设施栽培情况下，苗木定植后3～6个月开始结果。产量的高低首先决定于苗木的质量。目前我国草莓单产比国外低的主要原因是苗木质量差。目前国内多数生产者不进行假植育苗，苗木质量差。

优质草莓苗木质量标准：

①品种纯正，无病虫害，脱毒苗。

②新根多，根系伸展，根系重量接近全株重量的一半。

③新茎粗度在0.8cm以上，苗重达到30g以上。

④叶柄短粗，叶面积大，成龄大叶在4片以上。

（二）栽植前土壤准备

1. 施肥深翻　要获得高产、优质的产品，必须施足基肥。一般要求深翻前每亩撒施优质有机肥4000～5000kg，磷酸二铵25～30kg，生物菌肥50kg。如有地下害虫，可以施入辛硫磷粉剂2kg/亩，深翻深度为20～30cm。

2. 打垄　垄与垄之间的距离为80cm，即从一个垄的中心到另一个垄的中心为80cm。垄的顶部宽为45～50cm，底部宽为60cm，垄沟底宽20cm，垄沟深（垄高）25cm（图3-13）。

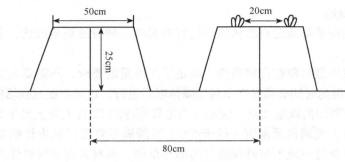

图 3-13　垄的规格

（三）栽植技术

1. 定植时期　　半促成栽培的定植时期一般有两种，一种是花芽分化前定植（8 月下旬以前）；另一种是花芽分化后进行定植（10 月上旬）。一般北方地区以前者为好，即 8 月下旬前定植完毕。定植时间过早温度较高，成活率低；时间过晚，定植后从缓苗到花芽分化期生长时间短，秧苗不够健壮，影响花芽分化。

各地定植时期要根据不同地区的气候条件决定。地理纬度高的地区，诱导花芽分化的低温、短日照来临早，定植时期应早；相反，地理纬度低的地区，诱导花芽分化的低温、短日照来临晚，定植时期应晚些。

促成栽培的定植时期一般在花芽分化前的 8 月下旬前定植。如在花芽分化后的 10 月上旬定植，苗木还未完成缓苗，就升温促长，会影响产量和果品质量。

2. 栽植密度与技术　　一般每亩 8000～10 000 株，每个垄上栽植两行，行距为 20cm，株距为 15cm。定植时，要求草莓的弓背方向朝向垄沟（图 3-14），这是因为草莓的花序从弓背方向伸出。这样栽植不仅能使果实较整齐地排列在垄背的外侧，有利于垫果和采收，而且通风透光好，有利于果实着色，减少病虫害的发生。

草莓的定植深度以上不埋心、下不露根为宜（图 3-15）。如定植后浇水出现露根或埋心的，应及时调整。在定植时还要注意不要造成垄背凸凹不平，或垄背两侧高中间注的现象，以免垄背积水，使果实泡在水中，造成腐烂。

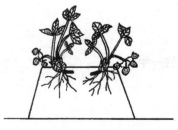

图 3-14　草莓的定植

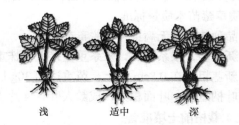

浅　　适中　　深

图 3-15　草莓栽植深度

为保证栽植成活率，栽苗时最好选择阴雨天气，或在傍晚进行。栽后应立即浇水，一周内视情况再浇水 1～2 次。

有条件的最好定植后安装滴灌系统。每垄在中间安装 1 条滴灌带或安装 1 条微喷带，并覆上黑色地膜。如用微喷带，微喷口要上向安装。采用滴灌系统，可实现水肥一体化。

3. 栽植后管理　　8 月下旬草莓定植后生长一段时间，于 9 月中旬前后开始花芽分化。这个时期加强管理对花芽分化和产量有很大的影响。因此缓苗后应追施一次氮、磷、钾复合肥，每亩 10～15kg，有利于生长和花芽分化。10 月上中旬再施一次磷酸二铵或尿素，每亩 10～15kg，以促进花芽的发育和充实，施肥应结合浇水进行。

新叶长出后要及时摘除老叶，同时对抽生出的匍匐茎要及时摘除，以节省养分，促进花芽分化和发育。

【知识点】半促成栽培、促成栽培；栽培方式与品种的选择；优质苗标准，整地、栽植密度与深度、栽植方式、栽后管理等栽植技术。

【技能点】表述草莓栽培方式；表述与草莓栽植及栽植后管理相关的技术操作过程。

【复习思考】

1. 简述草莓设施促成栽培园区园地选择时应注意的问题。
2. 简述草莓不同设施栽培方式设施类型与品种的选择原则。
3. 简述草莓定植深度要求。
4. 简述设施草莓的栽植技术。

任务二 设施促成（和半促成）栽培技术

【知识目标】掌握草莓不同设施促成栽培形式扣棚时间确定的原则；掌握草莓不同设施促成栽培形式升温时间确定的原则及升温后环境调控指标；掌握不同设施促成栽培形式下草莓植株赤霉素处理技术要点；掌握设施促成栽培草莓花果与植株的管理技术及肥水管理技术。

【技能目标】能够正确完成草莓不同设施促成栽培形式扣棚、升温相关操作；能够正确完成升温后栽培设施内环境的调控；能够正确完成草莓植株的赤霉素处理、花果管理、植株管理与肥水管理。

一、扣棚与扣棚后的管理

（一）半促成栽培

草莓为常绿草本植物，其耐寒能力较差。当温度降到 −7℃ 时植株局部受冻，−10℃ 时全株就会死亡；根系在 −8℃ 时受冻。因此，北方露地栽培在冬季必须覆盖防寒材料才能安全越冬。露地草莓当初冬温度下降，草莓植株经过几次霜冻的抗寒锻炼后，于温度降到 −7℃ 之前进行覆盖防寒。过早覆盖，由于抗寒锻炼不足，不能很好地进入休眠，植株呼吸旺盛，易于发热，伤害越冬的叶片和苗心；过晚覆盖植株容易受冻。一般北方地区多在 11 月中下旬至 12 月上旬，辽宁、河北地区一般在 11 月中下旬为宜。防寒前先对草莓植株进行清理，摘掉病虫叶、老叶，对秧苗进行苗心清株，保留两个侧芽，其余掰除。同时彻底喷一次杀虫、杀菌剂。

在半促成栽培情况下，由于设施类型不同，扣棚时间不同。日光温室和带外保温材料的塑料大棚或小拱棚一般在冬季防寒时扣棚，并加盖保温材料。此时扣棚可以不再进行覆盖防寒处理。为了使草莓提早解除休眠，常采用反保温处理。

不带外保温材料的塑料大棚和小拱棚一般在升温前进行扣棚。在这种情况下，草莓要在 11 月中旬（立冬前后）进行防寒处理。具体方法：防寒前先灌一次封冻水，2～3d 后进行覆盖。目前防寒覆盖多用地膜，把草莓植株覆盖于地膜下，膜的边缘压实，在地膜上再盖一层作物秸秆、树叶等，然后压些土。

（二）促成栽培

促成栽培扣棚的时间就是开始升温的时间。

二、升温与升温后的管理

（一）升温时间的确定

1. 半促成栽培 影响半促成栽培升温时期的主要因素有两个。一是品种的需冷量，不同品种休眠的深浅不同，解除休眠所需的需冷量不同。半促成栽培是在种植品种自然解除休眠后开始升温。因此休眠浅、低温需求量低的品种，解除休眠早，升温早；反之，休眠深、低温需求量高的品种，解除休眠晚，升温时期也就晚。二是设施的保温性。从设施的保温性看，只要升温后设施内夜间最低温度能保持在 5℃以上即可升温。

在北方地区半促成栽培所用的品种一般多为休眠中等和休眠较深的大果型品种，低温需求量均在 400h 以上，因此不同设施升温的时期不同。

（1）不带外保温材料的小拱棚和塑料大棚 第二年春天的 1 月下旬至 2 月上旬升温较适宜，升温过早夜间温度上不去，影响生长。

（2）日光温室或带外保温材料的大棚 在北方寒冷地区，目前栽培的草莓品种到 12 月中旬期间，绝大多数均已解除了自然休眠，如果升温后设施内夜间最低温度能达到 5℃以上，即可升温。采用反保温技术处理，升温的时期还可提前到 11 月下旬至 12 月上旬进行。

2. 促成栽培 促成栽培的扣棚时期也是升温时期，升温时期的确定是促成栽培的关键。升温过早有利于防止草莓进入休眠，但影响花芽分化的数量和质量，降低产量；升温过晚，草莓一旦进入休眠就很难打破，会造成植株矮化、叶片平展，开花结果不良，尤其是休眠较深、低温需求量较高的品种。由于草莓秋季当温度降低到 5℃时，开始就进入休眠。一般认为在 10 月中旬前后，夜间温度降低到 8℃左右时开始升温比较合适。不同地区气温变化情况不同，高纬度地区降温来临早，升温要早；低纬度地区降温来临晚，升温要晚。

（二）升温后环境的调控

1. 温湿度的调控 无论是半促成栽培，还是促成栽培，为使草莓快速生长，促进开花与结果，升温后设施内应保持较高的温度。不同物候期的温湿度管理指标如下。

（1）升温后到现蕾前 室内白天最高气温保持在 26～30℃，夜间最低气温 8～12℃，空气相对湿度保持在 85%～90%。

（2）现蕾至开花前 室内白天最高气温保持在 25～28℃，夜间最低气温 8～10℃，此期切忌高温，否则会影响花粉发育，进而影响授粉受精。空气相对湿度保持在 60%～70%。

（3）开花期 白天最高气温保持在 22～25℃，夜间最低气温 8～10℃。空气相对湿度保持在 50%左右，不高于 60%，不低于 30%。

（4）果实膨大期和成熟期 白天最高气温保持在 20～25℃，夜间最低气温 6～10℃。空气相对湿度保持在 60%～70%。

草莓果实发育及成熟期对温度较为敏感。温度（尤其是夜间温度）过高，缩短果实发育期，促进果实成熟，但不利于果实的膨大，使果实变小。另外，促成栽培期间，是果实发育期处于一年中日照时数最短的时期，夜温过高会增加草莓植株整体的呼吸消耗，降低光合作用总体净光合量，果实含糖量低，品质变差。

在促成栽培中，适宜的温度调控可诱导草莓多次成花，多次结果。即每批果接近采摘完前，把日光温室内白天温度降低到20℃以下2～3周，诱导新茎上花芽形成。而后再次提高设施内温度，进入到下批果生长阶段。实际生产中，有时出现第一批果采摘完后出花率降低等现象，这是由于设施内一直处于高温（30℃以上）环境所导致，尤其是冬季温暖的年份。

温湿度的调控主要是通过通风换气来实现。促成栽培时，如果在最寒冷的月份或连续阴天时，夜间温度低于温度指标，应采取必要的辅助加温。另外，覆盖地膜可提高地温；降低设施内的空气湿度。

2. CO_2 与光照的调控　　CO_2 和光照的调控主要是在促成栽培中应用。北方寒冷地区，促成栽培草莓的果实发育与成熟正处于一年中最寒冷、光照时间最短的季节。在外界气温很低的时期，为了维持设施内较高的温度，应减少通风换气时间与通风量，同时上午打开保温材料的时间更晚、下午放下保温材料的时间更早。这样势必造成设施内白天 CO_2 浓度更低，光照时间更短。据测定，温室内的二氧化碳浓度在早晨揭开保温材料时最高，一般可达 1%～1.5%，此后浓度迅速下降，如不通风换气，到上午10时，二氧化碳浓度可下降到 0.01%，低于自然界大气中的二氧化碳浓度（0.03%），抑制光合作用，造成果树"生理饥饿"。

（1）CO_2 浓度调控　　改善设施内 CO_2 浓度的方法除了通风换气、增施有机肥外，还有施用固体或液态 CO_2、使用二氧化碳发生仪、利用秸秆生物反应堆等。二氧化碳发生仪的原理是利用碳酸氢铵和硫酸在容器内反应产生 CO_2，利用容器的阀门控制碳酸氢铵和硫酸进行反应的数量，从而控制产生 CO_2 的浓度，使其在适宜范围内。生产上一般在开花后1周左右开始施用，每天的施用时间，一般为早晨8～9时开始，每天连续施用1h 以上才有效。晴天每天每亩 CO_2 施放量 1000～1200mg/m³，阴天由于光合能力较弱，CO_2 的施用量可适当减少，保证每亩每天 CO_2 施放量 350～850mg/m³ 即可。

（2）人工补光　　用于温室补光的光源主要有白炽灯、荧光灯、高压汞灯、金属卤化物等。但目前应用最多的是利用白炽灯补光。补光的时间在升温后不久即11月上中旬左右开始。具体方法是：距地面高度 1.5m 处，每间隔 4m 左右设 100W 的白炽灯一个，每亩的温室内可设 40～50个。照明时间从每晚 17～23 时，使每天日照长度达到 16h，也可以从凌晨2时开始到早上8时结束。此外为节省电力资源，还可以采用间歇补光的方法，即从晚上 20～22 时，再从零点到凌晨2时，共间歇补光 4h。

（三）赤霉素处理

促成栽培中，通过适时升温虽然能抑制草莓植株进入休眠，但随着日照变短，植株还是要出现一定程度的矮化。因此为了减轻和防止植株矮化、进入休眠，促使花梗和叶柄伸长生长，增大叶面积，促进花芽发育，升温后要进行赤霉素处理。

促成栽培草莓赤霉素处理的时间一般在升温开始后，植株第二片新叶展开时喷施，休眠深的品种在升温后 3d 即可进行处理。喷施浓度应根据品种的休眠深浅和生长势而定。休眠浅或长势旺的品种，如丰香、章姬、枥乙女等，只喷一次浓度为 5～10mg/kg 的赤霉素即可，用药量为每株 5～8mL；休眠深或长势弱的品种，如星都 2 号和达赛莱克特，则可喷施两次，第二次显蕾时喷施，浓度为 10mg/kg，用量为每株 5mL。喷施时重点喷心叶部位，喷前可先灌一次水。喷施时避免在中午高温时喷施。喷后如果出现植株徒长现象，可通过放风降温减轻赤霉素的药效。

图 3-16　草莓喷施赤霉素
过量徒长

半促成栽培中，如果完全解除了草莓的自然休眠，草莓会正常生长。表现为叶片直立生长，叶柄较长。这种情况下不用喷施赤霉素。如果种植的草莓品种休眠深，升温时自然休眠没有完全解除，植株仍表现叶片平卧生长、叶柄短等现象，可在升温后 3～5d 喷施一次赤霉素，浓度为 5～10mg/kg，每株用量为 5mL。

无论是促成栽培，还是半促成栽培，喷施赤霉素时要严格按照推荐浓度处理，不能随意加大施用浓度与药量。浓度过大、喷药量过多，极易造成草莓植株徒长（图 3-16），造成坐果率下降，畸形果增多，严重降低草莓的产量和质量。

（四）植株管理

1. 去老叶　　在越冬前没有去老叶的要把枯黄的老叶剪去，保留 2～3 片新叶。生长期间，随着新叶的不断发生，植株基部的叶片光合能力逐渐变弱，且容易成为病菌滋生的场所。因此要及时除去下部的老叶、病叶，以利于通风透光。

2. 及时摘除匍匐茎和侧芽　　升温后随着温度升高，植株生长旺盛，侧芽、匍匐茎陆续产生，争夺养分，影响腋花芽的继续分化，降低产量。因此当顶花芽抽生以后，只在两侧留两个侧芽，其余侧芽全部除去，同时随时去除抽生的匍匐茎。

3. 花期授粉　　设施栽培草莓如出现坐果率低或畸形果率高的现象，主要是授粉不良造成的。为提高坐果率，除选择育性高、花粉量大的品种，控制好花期的环境条件外，要进行辅助授粉。授粉方法主要有以下两种。

（1）花期放蜂　　花期放蜂是最简便有效的技术措施。一般每栋温室放 1～2 箱蜜蜂。在草莓开花前 3～5d 将蜂箱放入温室内，蜂箱距地面 50cm 高，出蜂口向南。

（2）人工辅助授粉　　用毛笔在开放的花上涂几下，使开裂花药中的花粉均匀洒落到整个花托上。

4. 疏花和疏果　　随着顶花芽的开花和结果，腋花芽也迅速发育和大量开花，植株的负载量越来越大。如果不疏除过多的花和幼果，势必造成植株衰弱，果实品质下降，产量降低。因此，必须根据负载量大小，进行适当的疏花疏果。一般从现蕾时开始，疏去高级次小花、弱花。疏花时每个花序保留 7 朵花，每株留 2～3 个侧花序；疏果时每个侧花序留 3～5 个，单株留果 8～14 个，其余花果尽早疏除。疏果时尽量疏除畸形果、病虫果、小果及发育不好的幼果。

（五）肥水管理

升温后应立即浇水一次。草莓进入现蕾和初花期，适时追肥有利于提高坐果率和果实品质，增加产量。此次追肥应以磷钾肥为主，兼施适量氮肥，一般每亩施氮磷钾复合肥 8～10kg，也可同时叶面喷施 0.3% 的尿素、0.3% 的磷酸二氢钾、0.2% 的硫酸钙或 0.05% 的硫酸锰等 2～3 次。果实膨大期进行追肥，每亩施尿素 8～10kg 混合加入硫酸钾 6kg，也可进行叶面喷肥。每次施肥均要灌水。

果实采收前一般不灌水，以免使土壤和空气湿度过大，造成果实腐烂。后期由于气温渐高，放风力度加大，水分蒸发较快，应根据土壤和空气湿度情况及时灌水。灌水时应采取小水多次灌溉，不使水漫过垄背，淹泡果实。

【知识点】半促成栽培、促成栽培、扣棚、升温、升温后环境指标、授粉与植株管理、肥水管理。

【技能点】表述半促成或促成栽培，扣棚、升温，环境管理指标及授粉、植株管理与肥水管理。

【复习思考】

1. 如何确定半促成栽培草莓和促成栽培草莓的扣棚时间？扣棚后如何管理？
2. 如何确定半促成栽培草莓和促成栽培草莓的升温时间？
3. 简述设施草莓升温后的温湿度管理指标。
4. 简述设施草莓的花果管理技术、植株管理技术与肥水管理技术。
5. 如何利用赤霉素解除草莓休眠？

单元四 桃树设施促成栽培

【教学目标】了解桃的种类与品种；掌握桃的生长结实习性及对环境的要求；掌握桃树设施促成栽培建园的基本知识与技能；掌握设施促成栽培桃树的整形修剪技术；掌握桃树设施促成栽培技术。

【重点难点】桃树生长结实习性；设施促成栽培桃树的整形修剪技术；桃树设施促成栽培技术。

项目一 种类和品种

任务 种类与常见品种认知

【知识目标】了解桃的种类；掌握常见桃品种的特性。

【技能目标】能够掌握常见桃树品种特点，指导生产中种植品种的选择。

一、种类

桃属于蔷薇科（Rosaceac）桃属（*Amygdalus* Linn.）。桃亚属共有 6 个种，即桃、山桃、新疆桃、甘肃桃、光核桃、陕甘山桃。

1. 桃［*Amygdalus persica*（L.）Batsch.］ 又名毛桃、普通桃。果实圆形，果面有毛。冬芽被密毛，叶片椭圆披针形，叶片侧脉未达叶缘即结合成网状，叶缘锯齿较密。核大，长扁圆形，核表面有沟纹。本种栽培品种最多，分布最广。有 3 个变种：

（1）蟠桃（*Amygdalus persica* L.var. *compresa* Bean.） 果实扁圆形，核小而圆，品种较多，分有毛与无毛两种类型，江苏、浙江地区栽培较多。

（2）油桃（*Amygdalus persica* L.var. *nectarina* Ait.） 又称光桃、李光桃。果皮光滑无毛，果形圆或扁圆。我国甘肃敦煌及新疆等地均有栽培，江苏、浙江地区有少量栽培。

（3）寿星桃（*Amygkalus persica* L.var. *densa* Mak.） 树形矮小，浅根性，有红花、粉红花、白花 3 种类型。一般作观赏用，可作桃的矮化砧或矮化育种原始材料。

2. 山桃（*Amygdalus davidiana* Carr.） 产于我国华北、西北山岳地带。小乔木，树干表皮光滑，枝细长；果实圆形，成熟时开裂，不能食用；核圆形，表面有沟纹、点纹；耐寒、耐旱性强；有红花山桃、白花山桃、光叶山桃 3 种类型，是北方主要桃树砧木类型。用山桃作砧木，比毛桃耐寒性、耐瘠薄性强，在较寒冷的山地表现较好。

3. 新疆桃［*Amygdalus ferganensis*（Kost. Et Rjab.）Kov. Et Kost.］ 产于中亚。叶片侧脉直出至叶缘时不结成网状，核表面有沟纹，广泛分布于南疆、北疆各地，多数甜仁桃属于此类。甘肃张掖、临泽等地有少量栽培。

4. 甘肃桃（*Amygdalus kansuensis* Skeels） 产自陕甘地区。冬芽无毛。叶片卵圆披针形，叶缘锯齿较稀；核表面有沟纹，无点纹；花柱长于雌蕊。

5. 光核桃［*Amygdalus mira*（Koehne）Kov.et Kost.］ 野生分布于西藏高原及四川等地。乔木，枝细长，小枝绿色；花白色，单生或两朵齐出；果近球形，稍小；核卵形，扁而光滑；果可食用或制干。

二、品种群

桃种质资源非常丰富，品种间果实发育期长短差异大（55～120d）。据不完全统计，世界上桃树栽培品种有3000个以上，我国有1000多个。栽培上根据桃树的形态、生态和生物学特性划分下列品种群。

（一）果实形态分类

桃按果面茸毛的有无分为普通桃（有毛）和油桃（无毛）。

桃按核与果肉的黏离度分为离核、黏核和半黏核。离核品种果肉组织较松，有成熟不匀的现象；黏核品种果肉较致密，纤维少，果肉成熟度较均匀。半黏核则居于二者之间。

桃按果实成熟时肉质的特性分为肉溶质、肉不溶质及硬肉桃3种类型。肉溶质型，果实成熟时肉质柔软多汁，适宜鲜食。肉不溶质型，果实成熟时，果肉质韧，富弹性，也称橡皮质桃。硬肉桃，果实初熟时，果肉硬而脆，完熟时呈粉质、变面，以完熟前品质为佳。

桃按果肉颜色分为白肉桃、黄肉桃、红肉桃。

（二）生态分类

1. 北方品种群　　本品种群形成于我国黄河流域的华北及西北，以甘肃、陕西、河北、山西、山东和河南等地栽培最多，属于一个古老的、历史最为悠久的品种群。

果实果顶尖而突起，缝合线及梗洼较深，肉质较硬、致密；树势强健，树姿直立或半直立；枝条生长势强，中长果枝上花芽形成数量少，节位高，单花芽比例较高。由于北方品种群桃的果实梗洼深，果柄短，在果实发育后期（近成熟时），粗壮中长果枝不易弯曲，会造成果实自然脱落。因此该品种群桃多利用短果枝和花束状果枝结果。该品种群有下列主要类型。

（1）蜜桃　　果肉属溶质型，其顶部有突尖，如肥城桃、深州水蜜桃等。

（2）硬桃　　果肉属硬肉型，其顶部也具突尖，如五月鲜、六月白等。

以上两种类型主要分布于华北地区，多表现为树体抗寒性强，但花芽的抗寒性较差，过冬后易出现僵芽现象。许多品种无花粉或自花结实率低，需配置适宜的授粉树。

（3）黄桃　　陕西、甘肃、新疆地区较多。

（4）油桃　　肉质致密，稍酸，味浓。

2. 南方品种群　　形成于长江流域之华东、华中及西南地区。以江苏、浙江、云南、四川、安徽、贵州等省栽培较多。树体耐旱、耐寒性较差，与北方品种群桃比较，其花芽越冬能力较强。树势健壮，树姿开张或半开张，以中长果枝结果为主，多复花芽。本品种群有以下类型。

（1）水蜜桃　　果实圆形和长圆形，果顶无明显的突尖，果肉柔软多汁，不耐储运。代表品种有玉露、上海水蜜、大久保、冈山白等。

（2）硬肉桃　　果实顶端短尖，肉质硬脆致密，汁少，如吊枝白、象牙白等。

（3）蟠桃　　果实形状扁圆，树体的生长特征与水蜜桃亚群基本相同。

南方品种群属进化类型，具有适应北方生态环境的特点。因此，大多数情况下，南方品种群移至北方，也能实现优质丰产栽培。

3. 南欧品种群　　是自我国经伊朗、小亚细亚传至南欧后经长期驯化形成的品种。适应夏季干燥，光照强，冬季温和气候。美国及南欧各国的品种多数属于本品种群，包括黄肉、白肉和油桃品种。

三、常见品种

（一）优良毛桃品种

1. 春捷 山东农业大学育成的国内第一个超短需冷量的毛桃新品种。平均单果重164g，最大单果重385g。果实底色淡黄色，阳面深红色，艳丽美观。果肉黄色，完熟表层果肉红色，肉质细脆，汁多，味道清香，酸甜可口，品质中上等，含可溶性固形物10.4%，可滴定酸0.3%，黏核，半硬核。自花结实能力强，结果早，丰产性能强。

需冷量108～120CU，果实发育期70～75d。在山东地区日光温室栽培可于11月20日左右扣棚升温，12月20日前后开花，果实3月上旬陆续成熟上市。

2. 早霞露 浙江省农业科学院与杭州市果树研究所合作培育的特早熟新品种。果实近圆形，平均单果重90g，最大果重126g。果顶微凹，缝合线浅，两半部较对称。果皮底色浅绿白，60%以上果面着红色，茸毛稀疏，外观美丽。果肉乳白色，近核处无红色，肉质柔软，汁液较多，风味较甜，略有香气，可溶性固形物含量为9%～11%，品质较好。黏核，核中大，不裂果。果实发育期50～55d。

3. 早美 北京市农林科学院林业果树研究培育的极早熟新品种。平均单果重97g，最大果重168g。果实近圆形，果形整齐，色泽鲜艳。果顶圆，缝合线浅，两侧较对称。果面1/2至全面着玫瑰红色，果皮底色黄白，不易剥离，茸毛短、少。果肉白色，近核处与果肉同色，肉质为硬溶质，完熟后多汁，味甜，风味浓，有香气，无涩味，可溶性固形物含量为9.5%。黏核，核较小，果实成熟时硬核且不裂核。果实发育期50～55d。

4. 春霞蜜 河北省农林科学院石家庄果树研究培育的特早熟桃新品种。果实长圆形，平均单果重125g，最大果重207.5g。果皮底色黄绿色，阳面着红色晕，外观美丽。肉质较硬，汁液较少，纤维少，有香气，可溶性固形物含量为10.0%～11.5%。黏核，完熟后半离，不裂核。果实生育期55～58d。

5. 京春 北京市农林科学院林业果树研究所培育的早熟桃新品种。果实中等大，平均单果重126g，最大果重205g，大小均匀。果实近圆形，果顶平，缝合线浅。果皮底色绿白，果实1/2果面着红晕，茸毛较少，不易剥离。果肉白色，硬溶质，味甜，成熟后柔软多汁，可溶性固形物含量9.5%～10%，黏核。果实生育期62～66d。

6. 双丰 北京市农林科学院林果研究所培育的早熟桃新品种。果实较大，平均单果重107g，最大果重121g。果实椭圆形，缝合线浅，果皮绿白色，具点状红晕。果肉乳白色，柔软多汁，可溶性固形物10%左右，黏核。果实生长发育期60～65d。

7. 霞晖1号 江苏省农业科学院园艺研究所培育的早熟桃新品种。果实圆形至卵圆形，平均单果重130g，最大果重210g。果皮底色乳黄，顶部有玫瑰色红晕，完熟后易剥离。果肉白色至乳黄色，肉质柔软，略有纤维，汁液多，风味甜，香气浓，可溶性固形物9%～10%，黏核。果实生育期60～68d。

8. 玫瑰露 浙江省农业科学院园艺研究培育的早熟桃新品种。果实近圆形，平均单果重165g，最大果重227g。果皮底色为乳白色，全面覆玫瑰红色，外观美丽，易剥皮。肉质柔软，略有纤维，味较甜、汁多，有香气，可溶性固形物含量为10%～12%。黏核，核小。果实发育期64～69d。

9. 春雪 山东省果树研究所 1998 年从美国引进。果实近圆形，果顶尖圆，平均单果重 220g，最大果重 480g。缝合线浅，茸毛短而稀，果皮浓红色，底色白色，果皮不宜剥离。果肉白色，近核处有红丝，汁液多，果肉硬脆，纤维少，风味甜，有香气。黏核，核小扁平。果实发育期 70～75d。

春雪桃是目前设施栽培最多的品种之一。

10. 雨花露 江苏省农业科学院园艺研究所培育的早熟桃品种。果实大，平均单果重 125g，最大果重 221g。果实长圆形，两半部较宽，缝合线凹入过顶，形成两个小峰，果皮底色乳黄，果顶着淡红色细点形成的红晕，茸毛短。果肉乳白，近核处无红丝，香气浓，风味浓甜。可溶性固形物含量为 10.8%～12%，黏核。果实发育期 70～75d。

11. 美硕 河北省农林科学院石家庄果树研究所培育的桃新品种。果实个大，平均单果重 237g，最大果重 387g。果实近圆形，果顶凹陷，不易软，缝合线浅，不明显，两端稍深，果皮底色黄绿，70% 果面着鲜艳红色，外观美丽。果肉白色，在着色的果顶、近果皮处有红色，近核处无红色。风味甜，有微香，汁液中等，可溶性固形物含量为 12.6%。果实硬度较大，较耐储运，无裂果。黏核，果实发育期 75d。

12. 安农水蜜 安徽农业大学从砂子早生桃园中发现的优质株变。果实长圆形或近圆形，顶部平圆或微凹，缝合线浅。平均单果重 245g，最大果重 558g。果面底色乳白色微黄，着红霞，果皮易剥离。果肉乳白色、局部淡红色，细嫩多汁，纤维少，香甜可口，可溶性固形物含量 11.5%～13.5%。黏核，过熟后离核，果实发育期 73～75d。

(二)优良油桃品种

1. 金山早红 江苏省镇江市象山果树研究所在早红宝石引种圃中发现的芽变品种。果实近圆形，平均单果重 150g，最大果重 340g。果顶凹入，缝合线浅，两侧对称。果皮底色为黄色，果面宝石红色，着色面积达 95% 以上，果皮不易剥离，果肉黄色，有透明感，肉质细脆，硬溶质，软熟时纤维较多，风味浓甜，香味浓，可溶性固形物 12%～13%，黏核，果实较耐贮藏，果实发育期 65d 左右。

2. 中油 4 号 中国农业科学院郑州果树研究所培育。果实短椭圆形，平均单果重 148g，最大果重 200g。果顶圆，微凹，缝合线浅，果皮底色黄，全面着鲜红色，艳丽美观，果皮难剥离。果肉橘黄色，硬溶质，肉质较细，风味浓甜，香气浓郁，可溶性固形物 14%～16%，黏核，果实发育期 74d 左右。

3. 中油桃 5 号 中国农业科学院郑州果树研究所培育。果实短椭圆形或近圆形，平均单果重 166g，最大 220g。果肉硬溶质，味浓甜，可溶性固性物含量 11%～14%，黏核，果实发育期 72d。

4. 中油桃 6 号 中国农业科学院郑州果树研究所培育。果实近圆形，平均单果重 145g，最大 217g。果皮底色黄，果面着鲜红色。离核，桃香浓郁，可溶性固性物含量 12%～14%。树势中庸，树姿较直立，丰产。果实发育期 80d。

5. 中农金辉 又名 126 中国农业科学院郑州果树研究所培育。果实椭圆形，果顶圆凸，梗洼浅，缝合线明显。平均单果重 173g，最大果重 252g。果皮底色黄，果面 80% 以上着明亮鲜红色晕，十分美观，皮不能剥离。果肉橙黄色，肉质为硬溶质，耐运输；汁液多，纤维中等；果实风味甜，有香味，可溶性固形物含量 12%～14%，黏核。果实发育期 80d 左右，需冷量 650～700h。

6. 中农金硕　中国农业科学院郑州果树研究所培育。果实近圆形，平均单果重 210g，最大果重 400～500g。果肉橙黄色，肉质为硬溶质，耐运输。汁液多，纤维中等。果实风味甜，有香味，可溶性固形物含量 11%～12%，黏核。果实发育期 85d 左右。

（三）优良蟠桃品种

1. 早露蟠桃　北京市农林科学院林业果树研究所培育。平均单果重 103g，最大果重 134g。果实扁平，果顶凹入，缝合线浅。果皮底色黄白，具玫瑰红晕，茸毛中等多，易剥离。果肉乳白色，近核处有红色，溶质，质细，风味甜，有香气，可溶性固形物含量 9%～11%，黏核，裂核少。果实发育期 67d。

2. 早蜜蟠桃　陕西省果树研究所培育。平均单果重 70g，最大果重 135g。果形扁平，两半部对称，果顶圆平凹入，缝合线中深，梗洼浅而广。果皮底色浅绿白，果顶 1/2 以上着紫红色斑点或晕，外观美，茸毛密，厚度中等，果皮易剥离。果肉乳白色，近核处同色，软溶质，纤维少，香气中等，甜味浓，可溶性固形物含量 11.3%。黏核，核极小，扁平。果实发育期 70d 左右。

3. 瑞蟠 2 号　北京市农林科学院林业果树研究所培育。平均单果重 150g，最大果重 220g。果实扁平，果顶凹入，不易软，缝合线浅，不明显。果皮底色黄白，在果顶、缝合线、向阳面等处均可着色，面积达 3/4 以上，果皮不易剥离，厚度中等。果肉为乳白色，在近核处无红色，硬溶质，风味甜，汁液中等，纤维多，可溶性固形物含量 10.2%，无裂果，黏核，核小。果实发育期为 98d。

4. 早魁蜜　江苏省农业科学院园艺研究所培育。平均单果重 130g，最大果重可达 200g。果实扁平，缝合线两侧较对称。果皮乳黄色，果面有红晕。果肉乳白色，肉厚，肉质柔软多汁，软溶质，风味浓甜，有香气，品质上等，可溶性固形物含量 12%～15%。黏核，核较小。果实生育期 95d。

【知识点】毛桃、山桃、油桃、蟠桃、北方品种群、南方品种群、离核、黏核、肉溶质、肉不溶质、蜜桃等。

【技能点】表述不同种类桃特点；表述常见桃品种特点。

【复习思考】

1. 桃常见种有哪些？各有何特点？
2. 根据桃树的形态、生态和生物学特性划分为哪些品种群？各有何特点？
3. 常见桃树品种有哪些？各有何特点？

项目二　生物学特性

任务一　生长习性认知

【知识目标】掌握桃树根、芽、枝类型与生长习性；掌握桃树花芽分化规律与性细胞形成规律。

【技能目标】能够对桃树根、芽、枝条类型正确识别；能够根据桃根、枝、芽生长习性进行生长调控。

一、桃性

桃属于落叶小乔木，一般树高4～5m。自然生长时，中心干易消失而形成开心形树冠。露地栽植的桃树，一般2～3年结果，5～6年可达较高产量。桃树寿命较短，在北方一般20～25年以后树势开始衰老，在多雨和地下水位较高地区或瘠薄的山地，一般12～15年即表现衰老。

桃树树姿由于不同品种的发枝角度不同而分为直立型、开张型与半开张型（表4-1、图4-1）。直立型品种枝干开张角度小，枝条上下强弱差异大，易成上强下弱，下部枝易于衰亡而光秃；开张型品种枝干开张角度大，枝条上下强弱差异小，树冠开张度大，盛果期易于下垂而衰弱。一般以半开张型品种树便于管理，且易保持稳产、丰产。

表4-1　部分桃树品种主枝开张情况

开张型	半开张型	直立型
大久保	传十郎	深州蜜桃
岗山白	早生水蜜	肥城桃
蟠桃类	岗山500号	五月鲜
离核水蜜	田中早生	秋蜜
小林水蜜	初香美	和尚帽

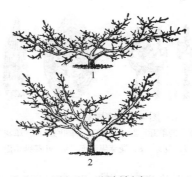

图4-1　桃树树姿
1. 开张型　2. 半开张型

二、根系分布与生长特点

桃树根系分布虽然因砧木种类、品种特性、土壤条件等因素的不同而有差异，但总体来看属于浅根系树种。一般垂直分布主要集中在10～40cm土层中，水平分布一般与树冠冠径相近或稍广。

桃树根系好氧性强、耐旱忌涝，适合在疏松、排水良好的沙壤土上生长。过于黏重土壤上的桃树易患流胶病、易徒长。据研究，维持桃树健康生长的土壤空气含氧量至少应保持在15%以上，含氧量降低到7%～10%时生长较弱，在7%以下时根呈暗褐色，新根发生少，新梢生长亦显著衰弱。

在年周期中，桃树根系无自然休眠现象。露地栽培，桃根春季生长较早，在0℃以上能顺利地吸收并同化氮素，当地温达5℃左右时即有新根开始生长，在7.2℃时营养物质可向上运输，15～22℃是根系生长的最适温度。地温升至26℃以上时，根系生长受到抑制，处于夏季被迫休眠。一般露地栽培桃树的根系在年周期中有两个生长高峰，第一次在6月到7月中旬，此次生长期长、生长势强、生长量大；第二次则在9月下旬后，当土壤温度稳定在19℃左右时，进入第二次生长高峰，但此次生长期短、生长势弱。在11月上旬，当地温降至11℃时停止生长进入冬季休眠期。

桃树对土壤含盐量很敏感，耐盐力弱。土壤含盐量小于0.1%时生长正常，达0.2%时即表现出盐害，如叶尖、叶缘或叶脉变黄、焦枯、落叶以至全株死亡。桃树在微酸性至微碱性土壤中（pH 5.0～8.2）均可栽植，但以 pH 5.2～6.8 最为适宜。

三、芽、枝类型与特点

（一）芽

桃树的芽按不同的分类方法可分为多种类型（图 4-2）。

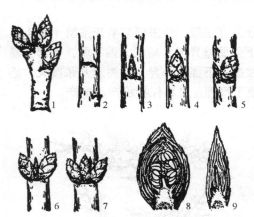

图 4-2　桃树芽的类型

1. 短枝上的单芽　2. 隐芽　3. 单叶芽　4. 单花芽
5～7. 复芽　8. 花芽纵切面　9. 叶芽纵切面

（1）按性质分　　可分为叶芽和花芽。

① 叶芽：芽体较小，可着生于枝条侧面叶腋间，也可以着生于枝条的顶端，而且桃树任何 1 年生枝条的顶芽均为叶芽。桃树叶芽具有早熟性，即叶芽在分化发育的当年就可萌发的现象。这种特性有利于桃树在一年中多次抽梢（枝），有利于树冠的扩大和枝组的形成。

② 花芽：芽体较大，着生于枝条侧面叶腋间。桃树花芽为纯花芽，每个花芽内只有 1 朵花。

（2）按着生芽数目分　　按枝条每个节上着生芽的多少可分为单芽和复芽。

① 单芽：在枝条的一个节上只着生一个芽，即为单芽，桃树单芽可以是花芽，也可以是叶芽。

② 复芽：在枝条的一个节上着生多个芽，即为复芽。桃树一般每个节上着生 3 个芽，多数中间为叶芽，两侧为花芽，但也有一个节上着生 2 个芽或 4 个芽的。复芽多、着生节位低是丰产品种的一个重要特征。

潜伏芽：是指芽体形成后第二年春没能萌发，而潜伏起来的芽，是多年生枝上产生徒长枝的基础。桃树的潜伏芽寿命较短，因此骨干枝光秃后回缩效果较差，也是桃树下部易光秃的原因之一。

（二）枝

桃枝按其主要功能可分为生长枝和结果枝两大类。

1. 生长枝　　按生长势不同，可分为发育枝、徒长枝和单芽枝（叶丛枝）。

（1）发育枝　　生长势强，粗度为 1.5～2.5cm，有大量副梢。发育枝及其副梢上虽能形成少量的花芽，但其主要功能是形成树冠的骨干枝或中大型结果枝组。

（2）徒长枝　　是指生长势过旺而不充实的枝，一般表现节间长、皮层薄、叶芽不饱满、髓大。

（3）单芽枝　　枝长 1cm 左右，只有一个顶生的叶芽。当营养、光照条件好转时，也可抽生壮枝，用作更新。

2. 结果枝　　桃的结果枝按其长度可分为徒长性结果枝、长果枝、中果枝、短果枝和花束状果枝（图 4-3）。

（1）徒长性果枝　　生长较旺，长 60～80cm，粗度 1.0～1.5cm，有少量副梢；徒长性果枝上的花芽一般着生节位高、质量差、坐果率低，但也有不少品种结果较好。徒长性结果枝由于生长势强，在结果的同时可抽生较壮新梢，可用于培养健壮枝组。

（2）长果枝　　　长 30～60cm，粗 0.5～1.0cm，一般无副梢；枝上花芽比例多，花芽充实，多复花芽，是多数南方品种群桃的主要结果枝。长果枝在结果的同时还能抽生生长势适度的新梢，形成新的果枝，保持连续结果能力。

（3）中果枝　　　长 15～30cm，无副梢，花芽比例多而充实，结果能力较强。

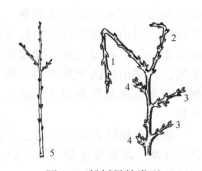

图 4-3　桃树果枝类型

1. 长果枝　2. 中果枝　3. 短果枝　4. 花束状果枝　5. 徒长性果枝

（4）短果枝和花束状果枝　　　长度在 5～15cm 和 5cm 以下的结果枝，多单花芽，有的叶腋间均为花芽，只有顶端有一个明显的叶芽，结果后发枝能力差，易衰亡。

不同品种群的桃树，主要结果枝类型不同。如北方品种群，一般以短果枝和花束状果枝结果为主，而南方品种群的品种以中长果枝结果为主。在修剪及日常管理时应根据不同品种的特点，培养不同类型的结果枝，充分发挥该品种的生产潜力。

（三）新梢生长规律

桃树叶芽萌发后，经过短期（约一周）缓慢生长（叶簇期），当温度上升后，即可进入迅速生长阶段，至秋季气温下降、日照缩短，新梢缓慢停止生长，而后落叶休眠。生长季桃新梢的生长动态因枝条类型不同而有所差异。生长中庸或偏弱的中短梢只有 1～2 个生长高峰，生长强旺的长枝可有 2～3 个生长高峰（表 4-2）。新梢的生长节奏，不同品种之间也有差异。

桃树的发育枝、徒长枝、徒长性结果枝上的叶芽，均具有芽的早熟性，在主梢迅速生长的各次高峰期，都伴随着一定数量的副梢抽生。生长缓慢的中短枝，一般不萌发副梢。

表 4-2　桃各类枝条的生长动态（6 年生的大久保，北京）

枝条种类	迅速生长次数	迅速生长高峰出现日期（月/日）	停止生长日期（月/日）
发育枝、徒长性结果枝	3（4）	5/下～6/上，6/上～7/上，7/下	8/中下
长果枝	2	5/上中，5/下～6/上	7/中
中果枝	1	5/上中	6/中
短果枝	1	5/上	5/中

四、花芽分化与性细胞的形成

桃树花芽分化分为花芽生理分化期和形态分化期。生理分化期先于形态分化期，生理分化主要是积累花芽的营养物质、激素调节物质以及遗传物质等共同协调作用的过程和结果，是各种物质在生长点细胞群中，从量变到质变的过程，这是为形态分化奠定的物质基础。但是这时的叶芽生长点组织，尚未发生形态变化。生理分化期是诱导花芽分化的敏感期。

花芽形态分化指由叶芽生长点的细胞组织形态转化为花芽生长点的细胞组织形态的过程。桃树花芽形态分化的早晚与品种、枝条类型、气候条件等因素有关。据北京市农业科学院果树研究所观察，在北京地区大久保、离核、晚黄金在6月下旬开始；五月鲜、冈山白在7月上中旬开始，并且表现出花芽分化的开始大致与新梢停止生长时期相一致。另据山东农学院调查，桃的花芽有两个集中分化期，即6月中旬和8月上旬，并指出这两个集中分化期与新梢两次缓慢生长期相一致。河北科技师范学院调查，在秦皇岛地区瑞光3、瑞光5及大久保能够大量诱导花芽分化的最晚日期为7月下旬。

　　桃树花芽形态分化要通过以下几个阶段：分化初期、萼片分化期、花瓣分化期、雄蕊分化期、雌蕊分化期（图4-4）。无论花芽分化的早晚，到初冬进入休眠前，桃树的花芽均分化到雌蕊分化期。

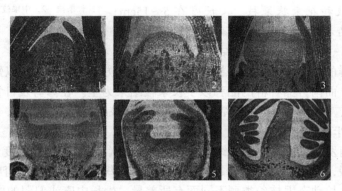

图4-4　桃花芽形态分化过程
1. 未分化期　2. 分化初期　3. 萼片分化期　4. 花瓣分化期
5. 雄蕊分化期　6. 雌蕊分化期

　　桃树虽然在上年完成了花芽形态分化，但性细胞的分化和发育是在第二年春天开花前完成。在冬季，花芽通过一段低温期后，当温度上升到0℃时，花粉母细胞开始减数分裂，形成单核花粉；子房内产生胚珠原基，开始胚珠的分化与发育，此时花芽已萌动，距开花期还有40d左右；到开花前形成成熟的胚囊与花粉。在花粉形成过程中，有的品种中途停止发育，不能形成有生活力的花粉，只能形成具有雌性功能的雌能花。

【知识点】开张型、半开张型，纯花芽，桃树根、芽、枝类型与发育规律，生理分化、形态分化，桃花芽分化规律与性细胞形成规律。
【技能点】表述桃树树姿类型与特点；表述桃树根、芽、枝类型与发育规律；表述桃花芽分化规律与性细胞形成规律。
【复习思考】
1. 桃树冠型有哪些？各有何特点？
2. 桃树根系分布与生长有何特点？
3. 桃树枝芽类型有哪些，各有何特点？
4. 桃树花芽形态分化分为哪几个阶段？
5. 简述桃树花芽形态分化及性细胞形成进程。

任务二　结实习性认知

【知识目标】掌握桃花器构造与开花特点；掌握桃授粉受精特点及影响授粉受精的因素；掌握桃果实发育规律及落花落果规律。

【技能目标】能够根据桃开花与授粉特点，指导并完成授粉操作过程；根据桃树落花落果规律与原因，能够提出并实施各项提高坐果率的技术措施；根据桃果实发育规律，能够提出并实施各项促进果实发育的技术措施。

一、花器构造与开花特点

桃花属于子房上位花，由花柄、花托、花萼、花瓣、雄蕊和雌蕊组成。根据桃花花瓣的大小与形态，可把桃花分为两种（图4-5）：一为蔷薇形，花瓣大；另一种为铃形，花瓣小。

多数桃树品种为完全花，即在同一朵花上具有发育完好的雌性与雄性器官。但在花芽分化过程中，若遇到营养不足、冻害等情况，易引起雌蕊短小、褐变或无雌蕊的退化现象。有的品种药囊中缺乏有生

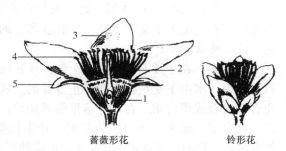

蔷薇形花　　　　　铃形花

图 4-5　桃花类型
1. 子房　2. 雌蕊　3. 花瓣　4. 雄蕊　5. 萼片

活力的花粉或无花粉的花粉败育现象，如深州蜜桃、五月鲜、砂子早生、传十郎等。

桃树花芽膨大后，经过露萼期、露瓣期、初花期和盛花期。当天盛开的花，花瓣浅红色、花丝浅绿白色，随后逐渐变成桃红色。大多数桃树品种（大花型品种）花瓣开裂时，先伸出的是雄蕊，其次是雌蕊。但有些桃树品种（小花型品种，如部分油桃品种）在花瓣开裂时，首先伸出的是雌蕊。

平均气温达到10℃以上时桃花开放，适宜平均气温为12~14℃。在露地栽培条件下，同一品种花期延续时间快则3~4d，慢则7~10d，如遇到干热风时花期仅有2~3d。在设施栽培条件下，由于空气湿度较大，花期一般维持15d左右。

据研究，桃树开花期早晚与开花前30~40d的气温有密切关系。气温越高，开花越早。但应注意，过高的温度处理在促使桃早开花的同时，有可能导致花粉、胚珠的发育畸形败育。如河北科技师范学院1996年冬日光温室油桃，12月下旬进行升温处理，由于处理温度过高、花发育过快（30d开花），比正常年份缩短了10d，坐果率只有5.6%。对开花期间的子房进行解剖观察发现，多数胚珠发育畸形或无胚囊。

二、授粉与受精

多数桃树品种为自花结实，可进行单一品种栽植。但有些品种雄性退化，无花粉（如早凤王、重阳红、五月鲜等），栽植时需配置授粉树。

授粉到受精所需要的时间，因品种、开花期间的气候条件及树体营养状况不同而有所差异。如日本报道桃受精在花后10~14d内完成；拉格蓝德（Ragland，1934）报道菲

力浦黏核桃和米欧桃（Muir）受精是在盛花后10～16d发生。

桃花粉萌芽以及花粉管伸长的温度在10℃以上时生长较快，在4.4～10℃时生命活动受阻，4.4℃以下则停止发育，在7～25℃范围内，随着温度的升高花粉管生长速度加快，从授粉到受精所需时间缩短。

三、落花落果

桃树属于多花、坐果率高的树种，露地栽培一般均能满足生产的要求。但有些品种或某些年份也会因落果过多而影响产量。在露地栽培条件下，桃树落果一般分为3个时期。

第一期：在花后1～2周，脱落的子房未明显膨大，为落花。主要由于缺乏授粉或授粉后花粉管未进入花柱。另外，花期或临开花前雌蕊受冻，10d后可造成脱落。

第二期：在花后3～4周，此期脱落的子房已明显膨大，为落果。小的如豆粒，大者如杏仁，主要是由于受精不完全，胚乳和胚的发育受阻，幼果缺乏胚供应的激素而引起的，此次落果较多。

第三期：在5月下旬至6月上旬，核开始硬化，果实接近小核桃大小时发生，又称六月落果。多由于受精胚中途停止发育而造成。桃胚与胚乳的发育需要大量氮素与碳水化合物以合成蛋白质。在六月落果临界期里，如果缺氮或因光照不足而引起同化养分缺乏，就会增加落果。此时正值新梢迅速生长期，凡刺激新梢生长过旺的因素，如水分、氮素过多，新梢生长夺走了果实生长所需的营养亦能造成落果。

正常情况下，设施桃的落花落果规律与露地桃基本相似。但如果设施内环境调控指标与桃所需要的环境指标相差较大时，会加重某一时期的落花落果。最易加重的时期是第一、二期，主要原因是温度过高。生产者为了使桃更早的成熟，获得较高的经济效益，往往从开始升温就一直把白天温度提升到25℃以上。开花前的高温会导致花粉或胚珠败育率增加，开花期与幼果期的高温会促使新梢旺长，加剧生殖生长与营养生长的竞争，导致大量落果。在设施桃生产中，往往是新梢生长缓慢，新梢短的桃树，坐果率更高。

四、果实发育

桃的果实是由子房发育而成的真果。子房外壁形成果皮，中壁形成果肉、内壁形成桃核（图4-6）。

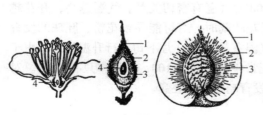

图4-6　桃果实构造
1. 果皮　2. 果肉　3. 核　4. 胚珠（种子）

桃果实累加生长曲线为双S形，即果实的发育过程分为3个不同的阶段。

第一阶段：为果实的第一迅速生长期。授粉后，花粉管进入花柱，子房开始膨大，从嫩脆的白色果核到核尖呈现浅黄色，木质化开始时为止。此期结束时间各品种之间差异不大，在盛花后30～40d。果实体积、重量均迅速增长。增长的主要原因是果肉细胞分裂，细胞数量增加所致。桃果肉细胞分裂可持续到花后3～4周才逐渐缓慢。

第二阶段：果实生长缓慢期或硬核期。此期果实体积增长缓慢，果核逐渐木质化、硬化，胚以胚乳为营养快速生长。此期持续时间各品种之间差异很大，早熟品种为1～2

周，中熟品种 4～5 周，晚熟品种可持续 6～7 周。

第三阶段：为果实第二次迅速生长期。果肉厚度显著增加，果面丰满，底色明显改变，并呈现品种故有的彩色，果实硬度下降，富有一定弹性，即果实进入成熟期的标志。此时期果重的增加占总果重的 50%～70%，增长最快的时期在采收前 2～3 周。此期果实增长的原因是果肉细胞体积的增大，是由于果肉细胞内大量碳水化合物的积累与细胞内液泡增大而引起。此期持续时间长短，不同品种间变化较大。

果实生长的第一阶段纵径比横径增长快，而第三阶段，尤其是在成熟前，则横径比纵径增长快，果形亦相应改变。

【知识点】蔷薇型花、铃型花，授粉树，真果，双 S 形生长曲线，硬核期；桃开花授粉特点、落花落果原因与规律、果实发育规律。

【技能点】表述与桃结实习性有关的名词概念；表述桃开花授粉特点、落花落果规律与果实发育规律。

【复习思考】

1. 简述桃花器构造与开花特点。
2. 桃树授粉、受精有何特点？
3. 简述桃落花落果原因与规律？
4. 简述桃果实发育规律与生长原因。

任务三　生长环境认知

【知识目标】掌握影响桃树生长结果的主要环境因素；掌握桃树对不同环境因素的要求。

【技能目标】能够根据桃树对不同环境的要求，指导设施生产中环境的调控与建园。

一、温度

桃树是喜冷凉温和气候的温带果树，对气候条件的适应范围较广，但以冷凉干燥地区最为适宜。从我国主要桃产区的气温情况分析，南方品种群适栽地区平均温度为 12～17℃，北方品种群为 8～14℃，南方品种群更耐高温高湿。

桃树休眠期，在 -22℃ 的低温范围内，一般不会发生冻害，如果气温低于 -23℃，则不宜栽培桃树。地温降至 -10℃ 以下时，根系就会遭受冻害。花蕾可耐 -3℃ 左右低温，幼果期遇到 -1℃ 低温就会发生冻害，温度越低，时间越长冻害越严重。

桃树在休眠期需要一定的低温，才能正常地萌芽、生长、开花、结果。一般桃树栽培品种的需冷量为 600～1200h。需冷量不足时，桃树生长会出现异常现象。如花芽萌芽开花不整齐、花期过长，叶芽呈现延迟萌发或不萌发等。

二、光照

桃原产于高海拔、光照强的地区，具有喜光特性。表现为树冠小、干性弱、树冠稀疏、叶片狭长。由于桃树对光照反应敏感，当光照不足时树体的同化产物显著减少，根系发育差，枝叶徒长，花芽形成少而质量差，落花落果多等。北方品种群和南欧品种群的桃比南方品种群对光照反应更敏感。

三、土壤条件

桃树耐旱忌涝，根系好氧性强，宜于土质疏松排水通畅的沙质壤土。黏重土和过于肥沃土上的桃树易患流胶病、颈腐病。

桃在微酸性到微碱性土中均能栽植，pH 在 4.5 以下和 7.5 以上生长不良，在碱性土中易得黄叶病。土壤含盐量达 0.28% 以上生长不良或部分致死。

【知识点】影响桃生长结实的主要环境因素，如温度，光照，土壤。
【技能点】表述影响桃生长结实的主要环境因素及其作用。
【复习思考】简述桃树对温度、光照、土壤要求。

项目三　设施促成栽培

任务一　建园与栽植

【知识目标】掌握设施桃促成栽培建园中园地的选择；掌握设施桃促成栽培设施类型与品种的选择；掌握桃树栽植技术。
【技能目标】能够根据栽植地区优势环境正确选择栽培设施类型与种植品种；能够正确完成桃树优质苗选择、整地、栽植及栽后管理等操作。

一、园地选择

园地的选择与规划，除要符合设施园区总体规划与设计外，还应考虑桃树对园地的要求。桃树根系好氧性强、耐旱忌涝，适合在疏松、排水良好的沙壤土上生长。过于黏重土壤上的桃树易患流胶病、易徒长。由于桃树怕涝，在降雨量较大的地区，不宜在半地下式温室中种植，或要求建造比较好的排水系统。桃树在微酸性至微碱性土中（pH 5.0～8.2）均可栽植，但以 pH 5.2～6.8 最为适宜。在 pH 4.5 以下易缺磷、钙、镁，在 pH 7.5 以上易缺铁、锰、锌、硼等元素而产生不同类型的缺素症，影响桃树的生长与结果。另外，桃树忌地性强，不宜连作。

二、设施类型与品种的选择

设施桃树促成栽培最适宜的栽培设施是高效节能日光温室和带有外保温材料的大棚或连栋大棚。高效节能日光温室和带有外保温材料的大棚保温效果好，在最寒冷的月份基本能满足桃树生长结果对环境的要求，可早升温。升温早，桃树萌芽、开花早，成熟早；升温早，外界温度低，便于设施内温度的调控。另外，在解除桃树自然休眠阶段，高效节能日光温室和带有外保温材料的大棚便于降温处理，可使桃树提早解除自然休眠。

设施桃树促成栽培的目的是产生高效益。要想实现高效益必须充分利用当地的优势资源，综合考虑设施类型与桃树品种的选择。

秋冬低温来临早、气温寒冷（−25～−15℃）的地区，桃树的自然休眠解除早，如果设施环境指标能满足桃树生长结果的需要，便可早升温，那么该地区的果实成熟期比秋冬低温来临晚的地区早，以早上市产生高效益。因此，这些地区可充分利用这一优势，适度增加设施建造成本，建造高保温性能的日光温室，提高设施的保温性。在品种选择上，应选择休眠短、果实发育期短（极早熟或早熟品种）的优良品种。

秋冬低温来临晚、气温较暖（-15℃以下）的地区。由于桃树自然休眠解除晚，即使高成本建造高保温性能的日光温室，也不能早升温。在种植相同品种情况下，由于自然休眠解除晚、升温晚，果实成熟晚、上市晚。因此，这些地区应降低栽培设施的建造成本，建造简易日光温室或建造具有外保温材料的大棚。在品种选择上，应选择休眠短、果实发育期稍长的大果型中熟品种。因为果实发育期长，果个大、品质好、产量高，以高产、优质、低成本，产生高效益。

目前温室、大棚促成栽培桃树品种主要有春雪、突围、中农金辉、中油4号、中油5号、中油6号等。

三、栽植

（一）栽植密度

在具有适宜控长促花技术基础上，设施桃树前期产量的高低取决于栽植密度（表4-3）。由于桃具有芽的早熟性，在生长季可多次抽梢。因此在合理的栽植密度情况下，通过有效的控长促花技术处理，栽植当年的桃树既可形成一定的枝量，又可形成大量的花芽，实现第二年丰产。

表4-3 栽植密度与前期产量

株行距（m）	每亩栽植株数（个）	亩产量（kg）	
		2年生	3年生
1.0×1.0	666	1651.6	2257.2
1.0×1.25	533	1518.6	2224.2
1.5×2.0	222	831.2	1676.4
2.0×3.0	111	488.8	1207.8

栽植密度主要决定于栽植区定植当年桃树花芽分化期前所能达到的冠幅。一般长城沿线及以北地区冠幅可达0.8～1.0m，栽植密度可为1m×1m，长城以南地区冠幅可达1.5m以上，栽植密度可为（1～1.5）m×（1.5～2）m。为便于管理，栽植密度为1m×1m的设施桃，可在第二年丰产后间伐成1m×2m。

（二）栽植前土壤改良

为促进定植当年桃树的快速生长，栽植前可对栽植行局部土壤进行深翻增施有机肥。一般沿栽植行挖宽、深各60cm的沟，回填土时在沟的中下层混合施入充分腐熟的有机肥，每亩5～6m³，回填好后灌水沉实。

（三）苗木的选择与处理

为促进定植当年桃树的快速生长，苗木一定要选择品种纯正的优质一级苗木。一级成苗标准：苗高1.0～1.5m，茎粗0.8cm以上，根系舒展，侧根4～6条，主侧根长度20cm以上；一级半成苗标准：嫁接部位茎粗0.8～1.0cm，根系舒展，侧根4～6条，主侧根长度 20cm 以上。

苗木处理，一般在栽植时进行。主要包括剪平主侧根先端的断口，剪掉嫁接口以上的砧木桩，去除嫁接部位残留的绑缚物，接种 K84 生物菌防治根瘤病等。

根瘤病是核果类树种上普遍发生的一种根系病害。患病后，根系上产生大量根瘤，严重影响树势，降低产量，甚至导致树体死亡。为防止根瘤病的发生，首先选用没有根瘤的苗木；其次，定植时先把苗木根系在稀释 5 倍的 K84 药液中浸蘸一下。接种 K84 菌后的苗木，应立即栽植。

（四）栽植技术

设施桃树的栽植时期与露地桃相同，一般在 3 月中下旬到 4 月上旬。栽培前按照栽植密度标定好定植点，并按定植点挖直径 30cm、深 30cm 的栽植穴。栽植时要 2 人配合，一人拿苗，一人持锹埋土。拿苗人负责把苗木准确地放在定植点上，使苗木根系舒展。埋土时，扶苗人提苗调整栽植深度并将苗木扶直，用脚将穴内土壤踩实。待苗木栽植完成后进行定干灌水。苗木定干高度 45～50cm，可根据不同位置上部空间大小进行适度调整。

苗木栽植的技术关键有三点：第一是位置要准，一定要将苗木准确地栽于定植点上，苗木要栽直。第二是栽植深浅适宜。灌水沉实后要保障苗木栽植深度与苗木在苗圃的深度相同。过浅根系外露，表层土壤容易失水干旱，降低栽植成活率；过深则根际土壤温度低，土壤空气含氧量低，缓苗期长，幼树生长慢。第三是要保证栽后侧根舒展。

四、定植当年桃树的肥水管理

要实现设施桃第二年丰产，定植当年桃树的肥水管理原则是"前促后控"。前促后控的时间节点是桃树喷施多效唑的时间（最晚 7 月中下旬）。即苗木定植后到喷施多效唑前，要加强肥水管理，促进桃树的快速生长，增加枝量；喷施多效唑后到 9 月中旬秋施基肥前，停止土壤施肥与灌水，控制生长、促进花芽的形成。一般定植后的桃树当新梢长到 15～20cm 长时进行第一次追肥，每株施尿素 100g 并灌水，15～20d 后进行第二次追肥，每株施三元复合肥 100～150g 并灌水。除每次追肥时进行灌水外，定植后到喷施多效唑期间，要根据土壤墒情适时灌水。

【知识点】园地的选择与规划，设施类型与种植品种的选择，苗木标准、栽植密度与深度、栽后管理等栽植技术。

【技能点】表述桃种植品种与设施类型的选择；表述与桃栽植及栽植后管理相关的技术操作过程。

【复习思考】

1. 简述桃设施促成栽培园区园地选择时应注意的问题。

2. 为充分利用当地优势资源，提高设施促成栽培桃的经济效益，在设施类型与品种选择时应注意哪些问题？

3. 简述设施桃的栽植技术。

任务二 整形修剪与控长促花

【**知识目标**】掌握设施桃促成栽培常用树形与整形技术；掌握设施桃促成栽培修剪技术；掌握设施桃促成栽培控长促花技术。

【**技能目标**】能够完成设施桃促成栽培各种树形的整形操作；能够完成设施促成栽培桃树的修剪操作；能够根据桃树的生长状态，指导并完成桃树的控长促花操作过程。

一、整形修剪

设施内高密度栽植桃树树体的管理，必须能有效地控制树冠的高度与冠幅，使每株树都能在有限的空间里维持正常的生长结果，因此，设施桃树采用的树形与露地桃树形不同。设施桃树的树形必须具有成形快，树冠矮小、紧凑，有效结果枝多、骨干枝少等特点。

（一）常用树形

1. 多枝组丛状形 为了增加第一年设施桃树有效结果枝数量，简化树体管理与操作规程、降低管理成本，定植当年的设施桃树可采用多枝组丛状形，第二年采果后通过采后修剪可将该树形改造成小冠开心形或纺锤形。该树形干高30～40cm，每株树上着生4～5个枝组，每个枝组上着生4～5个中长结果枝（图4-7）。

多枝组丛状形树的特点：成形快、有效结果枝多、结果枝质量高、管理简单、树冠矮小紧凑。

2. 小冠开心形 该树形无直立中心领导干，干高30～40cm，每株树上着生3个小主枝。主枝基角40°～45°，腰角60°～80°。在每个小主枝上着生短轴（10～15cm）中小枝组，每个枝组上着生2～3个中长结果枝（图4-8）。小冠开心形是在设施桃第一年采用多枝组丛状形树体结构基础上，第二年采后修剪时改造形成。

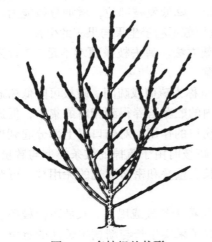

图4-7 多枝组丛状形　　　　图4-8 小冠开心形

3. 纺锤形 该树形具有直立中心领导干，干高45～55cm，树高1.2～2.0m，在中心干上着生10～15个结果枝组，枝组枝轴长度15～30cm，每个枝组上着生3～4个中长结果枝（图4-9）。

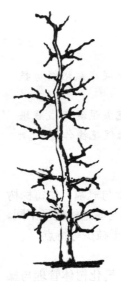

图 4-9 纺锤形

（二）整形过程

1. 多枝组丛状形树的整形过程　　桃苗萌芽后，剪口 20cm 以下的芽全部抹除，在剪口下 20cm 范围内均匀保留 5～6 个芽，新梢抽生后任其自然生长。由于桃树具有芽的早熟性，保留芽抽生的新梢生长到一定的速度后，每个新梢上均可抽生多个二次梢，形成枝组，完成多枝组丛状形树的培养。但应注意，有些苗木定干后只抽生 2～3 个新梢，达不到所需的 5～6 个。对此类型的树，当新梢长到 15～20cm 时每个新梢保留 10cm 左右进行剪梢，促生二次梢。当二次梢长到 10cm 时每株保留 5～6 个强壮新梢，其余全部疏除。保留下的 5～6 个新梢自然生长，完成多枝组丛状形树的培养。

2. 纺锤形树的整形过程　　桃苗萌芽后，剪口 20cm 以下的芽全部抹除，在剪口下 20cm 范围内均匀保留 4～5 个芽。当保留芽抽生的新梢长到 30～40cm 长时，选一直立生长、生长势强的新梢作为主干延长梢并摘心，下部 3～4 个侧向生长的新梢保留 10～15cm 剪梢。主干延长梢摘心，下部侧向生长新梢剪梢后可刺激抽生二次梢，增加枝量。摘心后的延长梢仍选一生长势强的直立新梢作为中心领导干延长梢向上生长，下部抽生的新梢作为结果枝培养。到 6 月中旬时，如果延长梢生长到 50cm 左右，可进行 2 次摘心，促发三次梢，增加枝量。

（三）修剪

设施桃一般在落叶前进行扣棚降温处理，因此设施桃的冬剪一般在升温后萌芽前进行。

冬剪的主要手法有短截、疏枝、长放、回缩。

1. 短截　　剪去一年生枝的一部分称为短截。短截的作用是减少被短截枝条上的叶芽和花芽数量，促进了保留芽的萌发和新梢生长，降低发枝部位，增加分枝能力。但同时也会加剧果实生长与新梢生长间的竞争，过重短截不利于坐果与果实的生长。

根据短截程度，可分为轻、中、重 3 种短截方法。剪去枝条顶端不足 1/3 者为轻短截；剪去 1/2 为中短截；剪去 1/2 以上的为重短截。

2. 疏枝　　把枝条从基部疏掉称为疏枝，也称为疏剪或疏间。疏枝可降低树冠内的枝条密度，改善树冠的通风透光条件，使树体内的贮藏营养得到相对的集中，促进新梢的生长。另外疏枝会在枝干上产生伤口，由于伤口的作用，对伤口以上部分起到抑制作用，伤口以下起到促进作用，即"抑前促后"。疏枝时由于疏掉的枝条类型与数量不同，所起到的作用也不同。如疏除细弱、病虫、徒长、重叠和密挤遮光的无用枝，可对留下的枝条起到促势作用，反之会起到削弱作用。

3. 长放　　对一年生枝不剪，任其自然生长称为长放或甩放。长放可使枝条上保留最多的叶芽和花芽量，缓和新梢的生长势，减少了果实生长与新梢生长间的竞争，有利于坐果与果实发育。

4. 回缩　　对多年生枝进行短截修剪称为回缩或缩剪。回缩能减少枝干总生长量，使养分和水分集中供应给保留下来的枝条，促进下部枝条的生长，对复壮树势较为有利。回缩多用于培养改造结果枝组、控制树冠高度和体积、平衡从属关系等。其作用有改善树冠内光照条件，降低结果部位，改变延长枝的延伸方向和角度，控制树冠，延长结果年限等。

在设施桃促成栽培过程中，桃树的生长期一般比露地栽培长1～2个月，为果实采收后桃树树体结构、结果枝组及结果枝的调整与更新提供了时间。因此设施桃冬剪时只考虑果实产量与品质。为增加产量，在设施有限的空间内应尽可能地多保留结果枝，但结果枝如过多，会影响中下部叶片与果实的受光量，降低中下部果枝的坐果率与果实品质。因此设施桃冬剪时应注意以下3个方面。

① 控制好树冠的高度与冠径。采用纺锤形树体结构的设施桃，一般树高不要超过行距，两行树间的结果枝不能交叉，同行两株树间的结果枝可以有少量交叉。采用多枝组丛状形和小冠开张形树体结构的桃树，树高一般控制在1.2～1.5m，同样两行树间的结果枝不能交叉，同行株间可以有少量交叉。

② 疏除全部无花枝或少花不能结果的枝条，保留下的枝条应全部为良好的结果枝。

③ 由于目前设施内栽培的桃树绝大多数属于南方品种群品种，因此选留的结果枝应是粗壮的中长结果枝，在中长结果枝数量不足时，保留短果枝。

具体修剪时，首先对树冠过高或侧向生长过长的中心干、主枝或枝组进行回缩修剪，回缩剪口下要求保留2～3个中长结果枝；枝条过密的树，如因枝组数量过多造成枝条过密，可适当疏间过旺或过弱的枝组，而后对结果枝进行疏间。疏间结果枝时，尽可能保留粗壮的中长果枝，疏除过旺少花枝、细弱的短果枝和花束状果枝，不能结果的枝条全部疏除，使结果枝相互间保持20cm间隔。保留下的结果枝，根据结果枝强弱程度进行适度短截或长放。强壮的结果枝长放，细弱结果枝（粗度小于3mm，长度大于40cm，基部粗度与前端相近）可进行中短截或轻短截（图4-10）。即结果枝的修剪原则是"以疏为主，短截为辅，强者长留，弱者短留"。

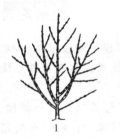

图4-10　冬季修剪
1. 修剪前　2. 修剪后

二、控长促花

在高密度栽植情况下，为了实现设施桃从定植后第二年连年丰产，设施桃从定植当年开始每年必须进行有效地强行控冠促花技术处理，否则成花很少或不能形成花芽。具体方法如下。

1. 化控促花　于7月下旬前喷15%多效唑75～150倍液。喷药时主要喷叶片背面，要求每片叶均要喷到。15～20d后如果新梢仍未停止生长，喷第二次。新梢停止生长后到秋冬扣棚前不能出现二次生长，否则不能形成花芽。

注意：从诱导桃树花芽形成角度看，喷施多效唑最晚的时间是7月下旬，提早喷施诱导花芽质量更好。7月下旬以后喷施，虽然可起到抑制新梢生长的作用，但诱导花芽形成的效果差或不能诱导花芽形成。为保证喷施多效唑的促花效果，除了注意喷施时间、浓度外，还应注意喷施的药液量。一般每亩地需喷施75～100kg的药液。另外，不同桃树品种的生长势及对多效唑的敏感度不同，各品种间喷施多效唑的浓度、时间及用药量应不同。目前常用设施促成栽培的桃树品种中春雪桃生长势最强，对多效唑的抗性也最强，喷施的浓度最大。

2. 控制肥水　喷施多效唑后到 9 月中旬施基肥前，停止土壤施肥与灌水。以磷钾肥为叶面肥进行喷施，每 10～15d 喷 1 次 0.2%～0.3% 磷酸二氢钾，连续喷 3～4 次。

【知识点】 多枝组丛状形、小冠开心形、纺锤形，短截、长放、回缩、疏枝；各种树形结构特点与整形过程，设施桃的修剪，设施桃的控长促花。

【技能点】 表述与桃整形修剪有关的名词概念；表述设施桃各种树形与整形技术，修剪技术，控长促花技术。

【复习思考】

1. 简述设施桃常用树形与整形技术。
2. 何为短截、长放、回缩、疏枝？各有何作用？
3. 设施桃冬剪时应注意哪 3 个方面的问题？
4. 设施桃结果枝修剪的原则是什么？
5. 简述设施桃的控长促花技术。

任务三　设施促成栽培技术

【知识目标】 掌握扣棚技术与扣棚后的管理技术；掌握升温时间确定的原则及环境调控指标与调控技术；掌握花果与枝梢管理技术；掌握肥水管理技术；掌握采果后的管理技术。

【技能目标】 能够正确完成扣棚操作与扣棚后的管理操作；能够正确掌握升温时间与升温后环境调控操作；能够正确完成花果与枝梢管理、肥水管理等操作；能够正确完成采后各项管理操作。

一、扣棚与扣棚后的管理

扣棚是指把温室或大棚的采光膜和保温材料安装调试好。在促成栽培模式下，扣棚时间一般在秋末初冬夜间温度降低到 9℃ 以下时扣棚。但由于不同地区初冬 9℃ 以下低温来临的早晚不同、设施类型不同，扣棚时间不同。9℃ 以下低温来临早的地区可早扣棚；带有外保温材料的温室或大棚，可以利用保温材料的保温性、避光性进行反保温处理，在夜间温度降低到 9℃ 以下时扣棚；不带保温材料的大棚或连栋温室，可在升温时扣棚。为便于调节设施内的温度，无论是温室还是大棚，采光膜的设计与安装均要保留上下两道通风口。下通风口一般距地面 1～1.5m，上通风口设在温室或大棚的最高处。但应注意，带有外保温材料的大棚或温室，白天保温材料卷起后通常放置在最高处，因此上通风口设计时要保留出白天放保温材料的位置。

带有外保温材料的温室或大棚，扣棚后的管理原则是，前期利用设施的保温性、避光性和夜间自然低温进行反保温处理，尽可能地降低设施内的温度，以满足果树解除休眠对低温的需求；后期是利用设施的保温性，维持设施内解除休眠最适宜的低温（2～9℃），同时防止设施内温度过低，土壤封冻，以利于升温后土壤温度快速升高。反保温处理的具体操作如下：扣棚后的 7～10d，昼夜均放下保温材料进行避光闷棚脱叶处理。叶片脱落后，日出前关闭通风口、放下保温材料，避光隔热维持设施内较低的温度；日落后卷起保温材料、打开通风口，利用夜间自然低温，降低设施内的温度。当晴朗的白天13时左右设施内的气温维持在9℃以下时，夜间不再卷起保温材料，直至满足桃树的需冷量为止。

二、升温与升温后设施内环境条件的调控

（一）升温时间的确定

升温是指白天卷起保温材料，使光线进入设施内，提高设施内的温度，夜间放下保温材料，以维持设施内适宜温度的过程。无论是利用日光温室还是大棚进行设施桃的促成栽培，升温时间均应在桃树解除自然休眠后开始升温。如桃树的自然休眠没有完全解除而过早升温，会造成桃树萌芽迟缓、萌芽率低而不整齐、花期长等现象。因各地秋冬9℃以下低温来临的早晚、种植桃树品种的需冷量（表4-4），以及设施类型等因素的不同，升温时间不同。一般秋冬低温来临早、种植桃树品种的需冷量低的升温时间早，反之升温晚。如河北省东北部的唐山、秦皇岛地区种植的春雪桃，最早可在11月下旬升温，而种植相同品种的中南部地区，如保定、邢台等地要到12月中下旬才能升温。另外，由于栽培设施的保温性不同，升温时间不同。即使有外保温材料的大棚，严寒的1月份如果夜间最低温度不能保持在2℃以上，升温时间应晚些。多年生产实践证明，河北省东北部、山东省烟台、辽宁省大连等地，多数桃树品种在12月中旬前后已解除了自然休眠，即可升温。

表4-4　常见设施栽培桃品种花芽、叶芽的需冷量（CU）

品种	年份	花芽	叶芽
麦香	1996	780	780
	1998	800	800
	1999	800	800
砂子早生	1996	880	860
	1998	890	890
	1999	850	850
早红珠	1996	770	720
	1998	800	720
	1999	700	700
曙光	1996	790	790
	1998	770	770
	1999	770	770
艳光	1996	790	790
	1998	790	790
	1999	770	770

（二）升温后温湿度调控指标与调控技术

设施内环境条件的调控，是桃树设施促成栽培的重要内容。只有环境调控指标满足了桃不同物候期对环境的要求，桃树才能正常生长与结实。设施内环境主要包括：温度、湿度、光照、CO_2及有害气体等。其中温度与湿度对设施桃坐果与产量的影响是质的影响，起绝对性的作用，是目前主要的监控与调控因素；光照和CO_2是量的影响，在不进行单独调控情况下，目前也基本能满足生产要求。另外，光照与CO_2的调控需要增加投入，因此现阶段进行调控的较少。

1. 温度管理指标　适宜的温度是保证设施桃树正常生长结果的基本条件之一，要根据物候进程及时调控设施内温度，以保证桃树的正常生长与结果。温度管理对设施桃的座果影响最大，如果升温过快、温度过高，会加快桃树萌芽、开花期速度，即缩短从升温到开花所需时间。但不适宜的高温处理会造成桃树性器官（雌性或雄性器官）的败育，使桃树开花后大量落花落果。一般从升温到开花期需要35~45d。综合各项基础研究与多年设施桃促成栽培管理经验，设施桃室内温度管理指标总结如下。

从开始升温到升温后的第7天，白天最高气温控制在18~20℃，夜间最低温度在

2℃以上；从升温后第 8 天到开花初期，白天最高气温控制在 19～23℃，夜间最低气温控制在 3～5℃；开花期白天最高气温控制在 21～23℃，夜间最低气温控制在 5～8℃；落花到硬核期白天最高气温控制在 22～24℃，夜间最低气温控制在 8～10℃；硬核后到果实成熟白天最高气温控制在 25～28℃，夜间最低气温控制在 10～15℃。

温度的调控是通过打开或关闭通风口实现。上午当设施内气温超过温度指标后先打开上通风口降温，当上通风口打开 20～30cm 宽后设施内的气温仍高于温度指标，则打开下通风口通风降温；下午随气温的下降，应先关闭下通风口，后关闭上通风口。

2. 湿度管理指标　　设施栽培桃树，应特别注意湿度的调控。如升温后到萌芽前空气相对湿度过低，在一定程度上会影响桃树的萌芽，造成萌芽延缓或不整齐；萌芽展叶后湿度过大，易导致病害的发生和蔓延；花期湿度过大影响花药的正常散粉，从而导致坐果不良，产量下降；花后萼筒脱落前的幼果期，湿度过大，萼筒不易脱落，湿萼筒长时间粘贴在幼果果面，易造成湿萼筒与果皮接触点果皮腐烂（油桃品种尤为突出），该腐烂病斑虽不扩展，但到成熟期变成干病疤，影响果实的商品性。

设施内的空气湿度控制指标因桃树物候期的不同而异。升温后至萌芽期，一般要求空气相对湿度为 80%～90%；萌芽后至开花前要求 60%～70%；开花期到果实成熟期要求50%～60%。

设施内空气相对湿度的控制主要是通过浇水、人工喷水等方法增加空气湿度，通过覆地膜和通风等方法降低湿度。

三、花果与枝梢管理

（一）花果管理

1. 授粉　　常用的授粉方法包括采集花粉人工点授法、鸡毛掸滚授法及花期放蜂。

（1）采集花粉人工点授法　　桃树多数品种属于完全花、自花结实品种。但目前栽培的少数桃树品种雄性器官败育，即无花或少花粉。另外，设施桃树有时由于温度调控不当，也会造成雄性器官的败育（无花粉）。对雄性器官败育（无花粉）的品种，授粉前必须人工采集花粉进行点授。

花朵的采集：在授粉前 2～3d，采集含苞待放（气球期）的花蕾（有花粉的品种）。

花药与花粉的提取：将采集到的花蕾撕裂花苞，用小镊子摘取花药或两朵花对揉，花药提取后除去杂物，把花药在纸上摊成薄薄一层阴干，温度保持在 20～25℃，最高不超过 28℃，经过 36～48h 花药开裂，花粉散出，把花粉和花药收集起来放到干燥的小瓶中避光备用。

授粉：授粉宜在上午 10 时至下午 15 时进行，用铅笔的胶皮头蘸取花粉点授到花的柱头上。

（2）鸡毛掸滚授法　　设施桃树开花 1～2d 后，在上午 10 时至下午 15 时，用鸡毛掸在已开花的结果枝上滚动授粉（图 4-11）。整个开花期每天滚授 1 次。滚动时要掌握轻重，避免伤及花朵。此法简单易行，省工省事。

（3）花期放蜂　　有蜂源的地区，可在设施桃树开花前 2～3d，在设施内放养蜜蜂或壁蜂。一般 1 个温室（1 亩地）可放养一箱蜜蜂或放养 120～150 只壁蜂。放蜂期间应注意给蜂喂些放入桃花瓣的糖水（糖与水的比例为 1∶5），将糖水洒在蜂箱框架上或蜜蜂出入口处。为防止蜜蜂从放风口处逃走，放入蜜蜂前应在放风口处安装防虫网。

做好授粉工作是确保设施桃正常坐果的重要技术措施。除此以外还可采取以下技术措施，提高设施桃的坐果率。

① 扣棚升温后到硬核期，要控制好设施内温度，尤其是从升温到开花期间的温度。升温规律越接近早春露地桃树开花前30～40d和开花期自然气温变化规律，性器官的发育质量越高，为设施桃树坐果奠定必要的基础。

图4-11　鸡毛掸授粉

② 花芽露红期到气球期喷0.2%的硼酸或硼砂。

③ 花期不要灌水。花期灌水会造成空气湿度过大，影响花粉的释放与授粉；同时促进新梢的生长，加剧营养生长与生殖生长的矛盾，降低坐果率。

2. 疏果　设施桃树疏果一般分两次进行。第一次在幼果长到杏仁大小时进行，第二次在果实长到青杏果实大小时进行，硬核前完成定果，第二次疏果又称为定果。第一次疏果应比最终留果量多1/3，先疏除并生果、畸形果、小果、黄萎果、果枝背上果和病虫果，保留枝条中上部两侧果、果形指数大的长形果。定果时最好留长果枝中上部和中短果枝先端的果为好，使果实形成三角形排列，避免拥挤在一起。留果标准：长果枝一般留3～6个果，其中大型果留2～3个果，中型果留3～4个，小型果留5～6个；中果枝留2～4个果，大型果留1～2个，中型果留2～3个，小型果品种留3～4个；短果枝中大型果品种每个果枝留1个果，小型果品种每个果枝留1～2个果。

3. 促进着色技术　桃果实着色好坏是衡量果实外观品质与商品价值的重要指标之一。由于采光膜的反射、吸收及采光膜污染等原因，设施内的光照条件较露地差。为了提高设施桃树果实的着色度，在升温到采收前的管理过程中，应注意以下几点。

（1）每隔7～10d擦一次采光膜，在环境污染严重的地区，着色期应缩短擦洗棚膜的间隔期。

图4-12　摘叶解袋

（2）在肥水管理过程中，果实硬核期的追肥应以钾肥为主，增大钾肥的追施比例，对于生长势强的桃树，硬核期以后可只追钾肥；采收前20d减少灌水量或停止灌水，以提高果实的含糖量，促进花青素的形成和着色。

（3）果实套袋。设施桃果实套袋主要应用于以'春雪'为代表的毛桃品种上。套袋可增加果实的光洁度、防止自然生长情况下果实阳面着色过度、减少农药残留、促进均匀着色等。套袋一般在定果后果实硬核前进行，袋采用具有黑色内衬的纸袋。采收前3～5d摘去纸袋（图4-12）。

图 4-13　摘叶

（4）果实着色期，对枝梢过密的树进行疏梢和摘叶。疏梢可在着色初期进行，疏梢的标准是树冠下部产生光斑。疏梢的方法：首先疏间树冠上部及外围的强壮新梢，其次是疏间树冠内膛的过密新梢，使树冠下部产生光斑。摘叶也在着色初期进行，如摘叶过早，不仅影响果实的发育，果实变小，而且油桃果实会因阳光的直射加重裂果，果皮变的粗糙。摘叶即摘除果实上部遮光的叶片，使阳光直接照射到果实上（图 4-13）。

（二）枝梢管理

枝梢管理的目的是在设施内合理分布结果枝和新梢，保证树冠中下部光照。同时通过控制新梢的生长，提高坐果率、增大果个，增加产量、提高果实品质。

1. 吊枝　设施桃树定植后第二年进入丰产期，幼小的树体不能负载起丰产期桃树的果实重量。另外，设施桃树结果枝的修剪一般采取长放修剪法，较长的结果枝结果后必然造成枝叶集中下垂，影响树体的受光量。因此，每年结果前均需要对中长结果枝进行吊枝固定。吊枝时间一般在开花前完成。

吊枝方法：首先在每行树的上部南北方向安装牵引线，然后用麻绳或塑料绳的一端固定到结果枝的上部，另一端固定到南北方向的牵引线上，使每个结果枝斜向上均匀分布（图 4-14、图 4-15）。

图 4-14　吊枝 1

图 4-15　吊枝 2

2. 新梢管理　花后随着温度的升高，新梢进入快速生长期，叶面积迅速扩大。叶片光合作用，为树体的营养生长与生殖生长，提供光合产物。但枝叶生长的同时也消耗大量营养，新梢生长速度越快，枝叶生长消耗的营养物质就越多，加剧了营养生长与果实生长对营养物质的竞争。在果实发育的第一速生期（坐果期），新梢生长速度过快不仅降低坐果率，而且抑制果实的发育，造成果实细胞数量减少；果实第二速生期如仍有新梢和幼叶的产生，不仅会造成果实含糖量低，品质变差，同时因果实细胞内含糖量低，降低了果实对水分的吸收能力，影响果实细胞体积的增大，果实小。生产实践表明，设施桃凡是在果实发育期间，新梢生长缓慢、新梢短的座果率高、产量高、果个大。为有效地控制新梢的生长，促成果实的发育，新梢管理可采取以下方法。

① 花后及时抹除剪锯口附近的萌蘖。

② 适度疏间骨干枝上抽生的强壮新梢，保留下的新梢留3～4片叶重摘心或剪梢。

③ 整体树势偏旺的桃树，可于花后喷施200～300倍的多效唑或150～200倍PBO。

④ 新梢生长到5～6片叶时摘心。摘心后抽生的二次梢从基部掰除，只留一次梢上的5～6片叶（图4-16）。

四、肥水管理

图4-16　摘心

桃树生长迅速，对氮素反应较敏感。氮素过多容易引起新梢旺长，导致花芽分化不良或加剧营养生长与生殖生长的营养竞争，导致坐果率低，品质差。桃树对钾肥的需求量较大。钾肥对桃果产量、果个大小、果实的色泽及风味等都有显著影响。钾素供应充足，果实个大，果面丰满，着色面积大，色泽鲜艳，风味浓郁；钾不足则果实个小，着色差，风味淡。桃对磷肥需要量较小，约为需钾量的25%。但缺磷会使桃果果面晦暗，肉质松软，味酸，果皮上时有斑点或裂纹出现。桃树吸收氮、磷、钾的比例为10∶（3～4）∶（6～16），每生产100kg果实树体约吸收氮、五氧化二磷、氧化钾的数量分别为250g、100g和350g。实际设施桃生产中，由于设施桃种植密度大，单位土地面积上施肥部位所占比例大，产量高。各地设施桃实际施肥量远大于上述理论计算数值。

设施桃升温后到果实采收前一般施3次肥、灌3～4次水。

第一次施肥灌水在升温后10d内完成，此次施肥以氮肥为主，每亩施25kg尿素＋25kg三元复合肥。施肥方法采用多点穴施或放射沟施肥，施肥深度10cm。施肥后灌一次大水（40～50mm）。待土壤疏松后进行一次松土，松土后进行树盘地膜覆盖。

第二次施肥灌水在落花后进行，此次施肥应增加部分磷钾肥，可施三元复合肥，每亩50kg，施肥后灌中水（20～30mm）。

第三次施肥灌水在果实硬核期，施用肥料以钾肥为主，每亩25kg硫酸钾＋25kg三元复合肥，施肥后灌中水。

另外，在升温后到开花前如果光照好、温度高，会造成开花前土壤失水量过大，因此在开花前10～15d可增灌一次中小水。

五、果实采后管理

（一）卸膜

设施的采光膜一般在果实采收后卸膜。在管理操作较好的情况下，有些膜可以用两年。卸膜前首先对膜的外面进行清理，在膜内外干燥时卸下来，叠膜时要里面向内对折，以防膜的里面受到污染，然后折叠成一定的大小进行存放。存放处要避光、干燥、无鼠。

（二）采后修剪

采后修剪是指设施桃果实采收后对树体进行的一次较重的修剪。在促成栽培情况下，设施桃树的生长期一般比露地桃树延长1～2个月，为设施桃树果实采收后进行树体结构、结果枝组及结果枝的调整与更新提供了时间保证。

修剪目的：①控制树体的高度与冠幅；②调整、培养树体结构；③调整、更新结果枝组；④更新结果枝。

1. 修剪的时期　　采后修剪应在 6 月上旬前完成，以 5 月中旬最适宜。修剪过早，后期生长时间长、生长量大，不宜于树体的控制及增加管理投入；修剪过晚，在 7 月下旬喷施多效唑时新梢过短，影响下年的产量。

2. 修剪的方法　　采后修剪主要采用回缩剪法。首先对树体的高度与冠幅进行调整。对有中心领导干的纺锤形桃树，在原有树高 1/2～2/3 处对中心领导干进行回缩修剪；中心领导干上的小主枝，保留原有长度的 1/3～1/2 进行回缩，下部的长，上部的短；小主枝上的枝组保留 5～8cm（每个枝组上保留 2～3 个叶丛梢）回缩（图 4-17）。小冠开张形桃树，在小主枝的 1/2～2/3 处回缩，小主枝上的枝组保留 8～10cm（每个枝组上保留 3～4 个叶丛梢）回缩，对过密的枝组进行适当疏间。其次是对已结果的结果枝保留基部 2～3 个叶丛梢或短梢进行回缩修剪，促进叶丛梢或短梢再次生长，形成下年的结果枝（图 4-18）。经过以上修剪，设施桃原有枝叶量的 90% 左右被修剪掉。这样可有效地控制桃树的高度与冠径，以适应设施桃高密植栽培；同时调整更新了结果枝组，促使下部叶丛梢抽生强壮新梢，形成下年的结果枝，防止了结果部位外移。

　图 4-17　采后修剪（纺锤形）　　　　图 4-18　采后修剪（开心形）

（三）生长季管理

生长季管理是指采后修剪完成后，整个生长季桃树的地上部枝叶管理与肥水管理。

1. 地上部枝叶管理　　修剪后 10～15d，桃树上的叶丛梢、短梢及部分潜伏芽会再次萌发抽生新梢，当新梢长到 5～10cm 时，要对抽生的新梢进行调整。调整时要根据树体发展的需要调控好新梢的密度、控制背上徒长梢的生长、协调好主枝、枝组间的从属关系。采用纺锤形树体结构的桃树，首先在中心领导干回缩剪口处，选一直立生长的强壮新梢作为中心领导干的延长梢，使其向上延长生长，增加树体高度和枝量；下部回缩的小主枝于前端选一向外斜生新梢作为延长梢，下部保留 2～3 个侧生新梢，过密梢及背上强旺梢疏除。采用开张型的桃树，于每个小主枝的先端选一向外斜生新梢作为延长梢，扩大树冠、增加枝量；回缩的枝组每个保留 2～3 个侧生新梢，对密梢、背上强旺梢进行疏除。

如果修剪后叶丛梢、短梢及潜伏芽萌发率低，抽生的新梢节间短、生长势弱，可喷施 100～200mg/kg 的赤霉素，促进新梢的生长。

2. 肥水管理

（1）追肥 设施桃树采后修剪量非常大，地上部枝叶量的 90% 被修剪掉。这样打破了桃树原有地上部枝叶与地下部根系间的平衡关系，使桃树根系处于严重的饥饿状态，并导致吸收根死亡。因此，修剪后至新梢抽生前不能施肥，此时施肥有害无益。为促进新梢的抽生，可进行灌水，保持土壤湿润。施肥应在新梢长到 10cm 以上时进行，每亩施 10～15kg 尿素并灌水。20d 后进行第二次施肥，每亩施 20～25kg 三元复合肥并灌水。喷施多效唑后，至秋施基肥期间停止施肥和灌水，利用肥水控制新梢生长，促进花芽的形成。雨季注意排水防涝。

（2）秋施基肥 基肥主要是各种有机肥料（充分腐熟的各种动物粪便及植物、动物残体），可加入少量速效氮肥和磷肥。基肥应秋施，一般在 9 月上中旬施入。每亩施入充分腐熟的优质农家肥 6～8m³。由于设施桃栽植密度大，基肥宜采用全园施肥法，将肥料均匀地撒于畦面，然后耕翻 10～15cm，浇水。

3. 喷施多效唑 采后修剪的桃树，通过 1.5～2 个月恢复生长，当全园桃树上的新梢普遍生长到 30cm 时，喷施多效唑。喷施多效唑的时间不应晚于 7 月下旬，喷施浓度、剂量与方法参照定植当年桃树的处理方法。

【知识点】扣棚、升温、采后修剪；设施桃扣棚与扣棚后的管理，升温与升温后温度、湿度调控指标，升温后的花果管理、枝梢管理、肥水管理及采后管理。

【技能点】表述扣棚、升温、采后修剪等名词概念；表述桃设施促成栽培扣棚时间确定的原则与扣棚后的管理技术、升温时间确定的原则与升温后各项管理技术、采果后生长季管理技术。

【复习思考】

1. 如何确定桃设施促成栽培的扣棚时间？扣棚后如何管理？
2. 如何确定桃设施促成栽培的升温时间？
3. 简述设施桃升温后的温湿度管理指标。
4. 简述设施桃的花果管理技术、枝梢管理技术与肥水管理技术。
5. 简述设施桃的促进着色技术。
6. 设施促成栽培桃采果后为什么要进行采后修剪？作用是什么？
7. 简述设施促成栽培桃采后修剪的方法。

单元五 葡萄设施促成栽培

【教学目标】掌握葡萄的种类与品种；掌握葡萄的生长结实习性及对环境的要求；掌握葡萄设施促成栽培建园的基本知识与技能；掌握设施促成栽培葡萄的架式与整形修剪技术；掌握葡萄设施促成栽培的基本技术。

【重点难点】葡萄的生长结实习性；设施促成栽培葡萄的架式与整形修剪技术；葡萄设施促成栽培技术。

项目一 种类和品种

任务 种类与常见品种认知

【知识目标】了解葡萄的种类与种群；掌握常见葡萄品种的特性。
【技能目标】能够掌握常见葡萄品种特点，指导生产中种植品种的选择。

一、种类

葡萄为葡萄科（Vitaceal），葡萄属（*Vitis*）植物。葡萄属约有 70 个种，我国约有 35 个种，用于栽培的只有 20 个种，分布在北半球和南半球的亚热带、湿带和寒带。

依原产地的不同，葡萄属的种可分为欧亚、东亚和北美 3 个种群。

（一）欧亚种群

本种群只有一个种，即欧洲种（*V. vinifera* L.）。实际上本种群不单起源于欧洲，也有起源于亚洲的部分地区，是栽培上最重要、经济价值最高的种。世界上著名的生食、酿造及其他加工品种均属于本种。目前世界上有数千个品种源于本种。

根据起源不同又可分为 3 个生态地理品种群：

1. 东方品种群 分布在中亚、中东和黑海沿岸，其共同特征是：幼叶无绒毛；新梢赤褐色，粗壮；叶背光滑无绒毛，或仅有刺毛；植株生长势强，生长期长，果枝结实力较低；果穗大，果粒大或中大，果肉丰满多汁。抗旱力强，抗寒力、抗病、耐湿性差，适于生长季长、夏季气候干燥地区栽培。

原产于我国的栽培品种即起源于本品种群，经过长期栽培已形成了我国特有的生态地理条件的种群。主要适应西北、华北的大陆性干旱气候，如龙眼、牛奶、无核白、红鸡心、白鸡心等。

2. 西欧品种群 分布在西欧各国，其共同特征是：幼叶绒毛密生，呈桃红色。新梢较细，呈淡褐色。叶背具丝状绒毛、混合绒毛。植株生长势较弱，但结果枝多，结果系数高。果穗较小，单株产量较低，生育期较短。抗寒、抗病性较东方品种群略强些。

本品种群绝大多数是酿造品种，如赤霞珠、贵人香、雷斯令、黑彼诺和法国蓝等，生食和兼用品种很少。

3. 黑海品种群 分布在黑海沿岸各国及巴尔干半岛各国。其共同特征是：叶背密生混合绒毛；果穗中等大，紧密，果粒中等大，多汁，生长期短。抗寒、抗病性较东方品种群强，但抗旱力较弱。结果系数高，一般较丰产。

本种群多数为鲜食、酿造兼用品种，如大可满、巴米特、晚红蜜、白羽、白玉等。

（二）东亚种群

本种群有 40 多个种，原产于我国的约有 27 种，其中较重要的有 10 多种，主要原产于我国、日本和朝鲜。其中最重要的有以下几种。

1. 山葡萄（V. amurensis Rupr.）　在我国东北及华北各地均有野生分布，尤其以东北长白山地区最多，主要生长在林缘与河旁。

本种多属于雌雄异株，果穗小，果粒圆形，直径 8～10mm，呈黑紫色，被有浓厚的果粉。果汁紫红色，含糖量 10%～12%，含酸量 2.4%，其主要用途是酿酒或作为酿酒的加色剂。

山葡萄植株具有高度的抗寒性，枝蔓能抗 −40℃ 的严寒，根系能耐 −16～−14℃ 的低温，可用作抗寒砧木。

吉林市长白山山葡萄酒厂于 1976 年选出双庆山葡萄，具有完全花，能自花授粉，果穗平均重 40g。北京植物园利用山葡萄作为父本，与玫瑰香杂交，获得了北醇等抗寒品种。吉林省果树研究所育成的公酿一和公酿二号，均具有较好的酿造品质。

2. 婴澳（V. thunbergii Sieb.et Zucc.）　又名董葡萄。野生于华北、华中及华南各地。果粒圆形，紫黑色。果汁深红紫色，含糖量为 14.6%，含酸量为 1.35%，扦插不易生根。本种可作为抗寒、抗病育种的原始材料。

（三）北美种群

约有 30 个种，大多分布在北美洲的东部，在经济栽培上有利用价值的主要有以下几种。

1. 美洲种（V. labrusca L.）　在栽培上所泛称的美洲葡萄即指本种，原产于加拿大东南部低地及河岸上。

特点：①果实有麝香味，故俗称为狐葡萄，果穗小或中等大，果粒圆形，种子与果肉不易分离。②幼叶具浓密毡状绒毛，深桃红色，成叶大而厚，近全缘或三裂，叶表面呈暗绿色，有光泽，叶背密生灰白或褐色毡状绒毛。③卷须为连续着生。④生长势旺，适应性强，抗病、耐湿、抗寒性较强，在冬季能耐 −30℃ 的低温。⑤对根瘤抵抗力弱。具有代表性的品种为康可（Concord），我国目前栽培的康拜尔、巨峰、白香蕉等均属于本种与欧亚种的杂交后代。

2. 河岸葡萄（V. riparia Michaux）　分布在北美洲东部的森林和河谷上。特点：叶三裂或全缘，叶光滑无毛；果穗小，果粒圆形，呈黑色，有青草味，不堪食用，其中某些品种为酿酒品种。耐热耐湿，抗旱抗寒，可抗 −30℃ 低温。对根瘤蚜的免疫度可达 19 度，为主要抗根瘤蚜砧木。因果实品质差，本种仅可作砧木和育种材料。

3. 沙地葡萄（V. rupestris Scheels）　分布在美国南部和中部开阔干燥的峡谷中，多为分枝较多的蔓生灌木。特点：叶为宽心脏形，全缘，叶片光滑无毛。果穗小，浆果圆形，黑色，品质风味差。对根瘤蚜的免疫度为 18 度，为良好的抗根瘤蚜砧木。

（四）法国杂种

原产于法国的一些欧洲种与上述北美种的某些种（河岸、沙地、林氏、夏葡萄等）杂交后所获得的杂种通称为法国杂种（French Hybrid）。这些葡萄品种较抗寒和抗病，能酿造出富有天然风味的佐餐酒，在欧美等国有较广泛的栽培。

二、常见鲜食品种

1. 早玛瑙 原代号73-8-19，是北京市农林科学院林业果树研究所1973年用玫瑰香作母本，京早晶作父本进行有性杂交，1986年通过专家鉴定，命名为早玛瑙。

果穗较大，圆锥形，平均重388g。果粒较大，着生中等紧密，平均重4.2g，长椭圆形，紫红色，果粉中等，果皮薄，易与果肉分离。果肉厚，肉质脆，味甜，含糖16.3%，品质上。每果粒含种子2~4粒，从萌芽到果实成熟日数为113d。

树势中庸，结果枝占芽眼总量的45%~53%，平均每结果枝上果穗数为1.5~1.7。果穗多着在第3~第4节上，宜密植并采用中短梢修剪，篱架或小棚架栽培。

2. 无核早红 原代号：8611，为河北省昌黎县十里铺乡五里营村周立存与河北昌黎果树研究所共同培育的早熟、大粒、无核新品系。1986年杂交，亲本为郑洲早红、巨峰。

穗大，平均重400g，最大穗重1200g，果穗圆锥形或圆筒形。果粒近圆形着生较紧密。粒巨大无核，平均重5g以上，经8611膨大素处理的颗粒平均粒重8g，最大19.3g，在无核品种中实属罕见。色泽鲜艳，果实为紫红色至紫黑色，着色均匀一致。含糖15%，甜酸适口，品质上，商品价值高。特早熟，在昌黎地区7月1日着色，7月18日成熟，比巨峰早40d成熟，到10月下旬采收不落粒，不裂果。

生长势强，适于棚架栽培。结果早，丰产性强，平均每果枝着生花序数为2.63个，其中3~4序者占56%，副梢和副芽结实率高。较抗病、抗寒，嫁接亲和力强，成活率高，扦插易生根，繁殖容易。

3. 青岛早红 原代号：60-1，是青岛农科所1960年用玫瑰香与莎巴珍珠杂交育成的优良早熟鲜食葡萄品种。

果穗大，一般穗重1000g左右，最大可达2000g，圆锥形。果粒为椭圆形，平均单粒重5.2g。果皮紫红色到紫黑色，较美观。肉质脆，无肉囊，甜酸适口，有较浓的玫瑰香味，风味品质极佳。从萌芽到果实成熟日数为113g，为极早成熟品种。

植物抗性较强，病虫害较轻；生长势强，适于棚架栽培。应注意控制负载量，以每个结果蔓上只保留一穗果为宜，留果过多会影响果实着色和品质，枝蔓不成熟。

4. 凤凰51 原代号：76-20-1-51，亲本为白玫瑰与绯红，是大连市农业科学研究所1975年从人工杂交实生种子中培育选出的优系。1988年秋通过鉴定，暂命名为凤凰51号。

果穗大至巨大，圆锥形，平均穗重400~500g，最大穗重1375g，座果好，着生紧密。果粒大，平均粒重7.1g，最大粒重14.3g，近圆到扁圆形，部分颗粒在成熟前有3~4浅瓣（沟），形似小南瓜，形状美丽可爱。果皮紫玫瑰红色至蓝紫色，中等厚，果粉较薄。果肉肥厚而略脆，易于种子分离。含糖量13%~18%，酸度低，甜酸可口或偏甜，充分成熟时有较浓的玫瑰香味，品质上至极上。每浆果中有种子2~3粒，少数4粒，种子梨形，较小。

在昌黎地区，果实成熟期为7月10~23日，为早熟品种。

5. 乍娜 属欧亚种，1975年自阿尔巴尼亚引入。

果穗大，长圆锥形，平均穗重850g，最大穗重1100g。果粒近圆形，巨大，平均粒重9g左右，最大粒重可达17g。果皮粉红色，充分成熟时紫红色，色艳美丽，果皮薄或中，肉质脆甜，含糖15%，清香味浓，品质上等。

植株生长势较强，结果枝率36%，结果系数1.4，副梢结实力强。在昌黎果实成熟期7月上旬。

嫩梢、幼果易得黑痘病，抗白腐病、霜霉病能力也较差。果实成熟期遇雨水较多时易裂果，栽培时宜选择沙壤土，注意果园排水。因裂果，该品种主要用设施栽培。

6. 京亚 是中国科学院植物研究所植物园从黑奥林葡萄实生苗中选出的新品种。1990年通过鉴定，为纪念十一届亚运会在北京召开，命名为京亚。

果穗圆锥形或圆柱形，有的带有副穗，平均穗重370～420g，最大650g。果粒巨大而均匀，着生紧密或中等，平均重11.5g，最大粒重15g。短椭圆形，果皮紫黑色，中等厚。果肉较软，汁多，味甜，微有草莓香味，含糖15%～17%，含酸量0.65%～0.7%，品质中上。7月下旬至8月上旬成熟，比巨峰早20d。

树势强，丰产，抗病性强。结果枝占芽眼量的54.5%，每个结果枝上着生2～3穗。

7. 里查马特 又名玫瑰牛奶，属欧亚种，原产前苏联，由可口甘与巴尔干斯基杂交育成的二倍体大粒红色优质鲜食品种。我国于20世纪70年代和80年代分别从苏联和日本引入。

果穗圆锥形，特大，平均穗重850g，最大穗重2500g。果粒长椭圆形，平均粒重12g，最大粒重20g左右，但有时果粒不太整齐。果皮薄，玫瑰红色，成熟后鲜红色到紫红色，外观艳丽，果皮与果肉难分离。肉质脆，细腻，清香味甜，肉中有一条白色的维管束。含糖10.2%～11%，品质上等。从萌芽到果实成熟需120d左右，果实不耐贮藏和运输。

树势极旺，要求肥水条件较高。每个果枝平均花序数为1.13个，多着生在第5节上。二次结果能力弱，产量中等，适于棚架栽培和长梢修剪。

8. 京秀 欧亚种，为中国科学院植物研究所用潘诺尼亚 × 杂种60-33杂交育成。

果穗圆锥形，平均穗重513.6g，果粒椭圆形，平均粒重6.3g，最大9g，玫瑰红或紫红色，肉厚，特脆，味甜，可溶性固形物含量14%～17.5%，有玫瑰香味。在河北省昌黎地区7月中下旬成熟。

嫩梢绿色，具稀疏绒毛。成叶中大，近圆形，5裂，上裂刻深，下裂刻浅，光滑无毛。抗病力弱，较易感染霜霉病、炭疽病。

9. 美人指 属欧亚种，日本品种。1998年因果形优美，定名为"美人指"。

平均穗重480g，最大穗重1750g，呈圆锥状，类似玫瑰露品种，穗梗长，颜色淡绿。果粒长椭圆形或圆筒形，平均粒重11～12g，最大粒纵径6cm，纵横径之比为3:1。先端紫红色、光亮，基部稍淡，恰如染红指甲油的美人手指，外观极美，果肉硬脆，能切成薄片，味甜，含糖16%～19%，品质上等。在河北昌黎地区8月中下旬成熟。

10. 奥古斯特 为罗马尼亚布加勒斯特农业大学育成的品种，亲本为意大利 × 葡萄园皇后，1984年进行品种登记，1996年引入我国。

果穗大，圆锥形，平均穗重580g，最大穗重1500g，果粒着生较紧密。果粒大，短椭圆形，平均粒重8.3g，最大12.5g，果粒大小均匀一致。果皮绿黄色，充分成熟后为金黄色，果色美观。果肉硬而质脆，有玫瑰香味，甘甜可口，品质佳，可溶性固形物含量达15%。在河北昌黎地区7月底成熟。

该品种结果早，丰产性强，抗病性也较强。果实耐拉力强，不易脱粒，耐运输。采用篱架、棚架和小棚架栽培，适宜中、短梢修剪。适宜露地及设施栽培。

11. 粉红亚都蜜 又名矢富罗莎、山东称兴华1号，由日本著名园艺家东京都町田市的矢富良宗氏育成。

果穗大，呈圆锥形，平均穗重1000g左右，最大穗重2500g。果粒呈长椭圆形，粒重9～12g，形似里查马特，呈粉红色到紫红色。果皮薄，难与果肉分离。果肉较疏松柔软，多汁，味甜。含糖量18%～19%，有清香味，不易脱粒。在河北昌黎地区充分成熟在7月下旬到8月上旬。

该品种适应性广，抗逆性强，在露地，日光温室及大棚栽培均表现良好。

12. 香妃 欧亚种，北京市农林科学院林果研究所育成，1982年杂交，亲本为73-7-6（玫瑰香×莎巴珍珠）×绯红。

果穗较大，短圆锥形，平均重322.5g，果粒着生中等紧密。果粒近圆形，平均粒重7.58g，最大9.7g；果皮绿黄色，果肉硬而脆，有极浓郁的玫瑰香味，含糖量14.25%，总酸0.58%，酸甜适口，品质极佳。4月17日萌芽，5月27日始花，8月上旬成熟，与绯红基本同期。

树势中等，结实力强，每结果枝平均果穗数1.75个，易早结果早丰产。该品种如花期遇阴雨，有小青粒出现，应及时疏除；多雨年份，有轻微裂果。

13. 维多利亚 由罗马尼亚德哥沙尼葡萄试验站培育而成。亲本为绯红×保尔加尔，1978年进行品种登记，1996年引入我国。目前已成为土耳其、南非等国的主栽鲜食品种及主要出口品种之一。

果穗大，圆锥形，平均穗重630g，穗形美观诱人。果粒长椭圆形，平均粒重9.5g，最大粒重15g，果皮绿黄色，果皮中等厚，果肉硬而脆。味甘甜爽口，品质佳，可溶性固形物含量16%，在河北昌黎地区8月上旬成熟充分成熟，且可以延期采收。

该品种生长势中等，结果枝率高，结实力强，丰产，果粒大，粒形美观诱人，具有较强的市场竞争力。

14. 青提 又名汤姆逊无核，美国加州农业大学选育成，是美国加州鲜食葡萄的王牌品种。

果穗圆锥形，平均穗重750g，最大穗重1250g。果粒着生较紧密且极牢固，整齐均匀，长椭圆形或近圆柱形，单粒重5～7g，经赤霉素等处理后可达12～15g，最大16g。果实翠绿色，充分成熟后绿黄色，外观秀美诱人；果皮薄且韧，肉厚而脆，味甜，有冰糖味，口感极佳，可溶性固形物含量16%以上，多食不厌；无核，可制干。在河北昌黎地区8月上旬成熟。

该品种生长势强，开始结果期早，结实能力强，坐果率高，抗裂果，抗病，丰产稳产。

15. 玫瑰香 欧亚种，原产英国。亲本是黑汉×白玫瑰，是世界著名鲜食葡萄品种。

果穗圆锥形，穗重300～500g，最大穗重3000g。果粒椭圆形，单粒重5～6g，果皮紫黑色，果粉厚。果肉较脆，有浓郁的玫瑰香味，可溶性固形物含量15%～19%，品质极上。

生长势中等，丰产，抗病性中等。在河北昌黎地区8月下旬成熟。

16. 巨峰 欧美杂交种，四倍体，日本培育。亲本是石原早生×森田尼，目前已成为我国南北方葡萄产区第一位的鲜食葡萄主栽品种。

果穗圆锥形，穗重500～600g。果粒短椭圆形，粒重10～11g，果皮紫黑色。多汁，有肉囊，含糖15%～17%，味酸甜，有草莓香味，品质中上等。

树势强，结果早，易丰产，抗病性强。在河北昌黎地区8月下旬成熟。

17. 巨玫瑰 欧美杂交种，四倍体。由大连农业科学研究院用沈阳玫瑰×巨峰杂交育成。

果穗圆锥形，平均穗重514g。果粒椭圆形，平均单粒重9g，果皮紫红色；多汁，无肉囊，含糖17%～22%，具有纯正的玫瑰香味，品质极上。在河北昌黎地区8月下旬成熟。

18. 户太8号 欧美杂交种，四倍体。由西安葡萄研究所从奥林匹亚葡萄中选出的早熟芽变品种。

果穗圆锥形带副穗，穗重600～800g。果粒圆形，平均单粒重10.4g，浆果顶端紫黑色，尾端紫红色；肉质细腻，较硬，含糖量17.3%，含酸量0.5%，香味浓郁。抗病、丰产，从萌芽到果实成熟需105d左右。在西安地区7月中旬成熟。

19. 藤稔 欧美杂交种，四倍体。由日本青木一直以井川682与先峰杂交育成。

果粒平均单粒重15～18g，每穗中通常可见20g以上的大果，经严格的疏穗和疏粒，并经膨大剂处理后，最大粒纵径4.33cm、横径2.99cm、重36g，俗称"乒乓葡萄"。

树势强旺，极丰产，抗病力强。在河北昌黎地区8月下旬成熟。

藤稔植株外部形态与巨峰相似，明显区别为：巨峰叶片3～5裂，裂刻较浅；藤稔叶片5裂，极少3裂，且上裂刻深，叶片大、较粗糙、较厚、网状皱纹较明显；巨峰冬芽鳞片红色，藤稔冬芽鳞片为绿色。

20. 夏至红 中国农业科学院郑州果树所以绯红×玫瑰香杂交育成。

果穗圆锥形，平均穗重750g，最大可达1300g以上。果粒椭圆形，平均单粒重8.5g，最大15g；果皮紫红色到紫黑色；果肉绿色，肉质硬脆，稍有玫瑰香味，可溶性固形物含量16%，品质极上。

生长势中等，易成花结果早，丰产。在郑州地区，4月2日萌芽，5月18日开花，7月5日充分成熟，果实发育期为50d，是极早熟品种。

21. 夏黑 欧美杂交种，三倍体。原产日本，亲本为巨峰×无核白。

果穗圆锥形，平均穗重400g，紧穗。果粒椭圆形，粒重3.0～3.5g，经激素处理后可增大到7～8g，紫黑色，果粉厚；肉质硬，可溶性固形物含量20%～21%，有草莓香味，品质上。

树势强，抗病，丰产，耐运输。在河北昌黎地区8月上旬成熟。

【知识点】常见葡萄种群与品种。

【技能点】能够表述不同种类葡萄特点，表述常见葡萄品种特点。

【复习思考】

1. 葡萄常见种有哪些？各有何特点？

2. 葡萄分为哪些品种群？

3. 常见葡萄品种有哪些？各有何特点？

项目二　生物学特性

任务一　生长习性认知

【知识目标】掌握葡萄根、芽、茎（蔓）、叶类型与生长习性；掌握葡萄花芽分化规律与性细胞形成规律。

【技能目标】能够对葡萄根、芽、茎（蔓）类型正确识别；能够根据葡萄根、芽、茎（蔓）的生长习性进行生长调控操作。

葡萄是多年生木本藤蔓植物，它由根、茎（包括枝、芽）、叶等营养器官和花（包括花序）、果（包括果穗、浆果、种子）等生殖器官组成。

一、根系分布与生长特点

（一）根系的特点

1. 形态特点　葡萄根系富于肉质，髓射线发达，能贮藏大量的有机营养物质。在冬季来临以前，在皮层的薄壁细胞、韧皮部、木质部和髓射线中，均能贮藏大量的糖、蛋白质和单宁物质。葡萄萌芽生长直至开花坐果，其营养来源大部分依靠前一年树体内的贮藏营养。葡萄的骨干根（根干和主、侧根）是主要贮藏场所，占树体贮藏总量的70%~85%。

2. 分布特点　葡萄属于深根性树种。根系垂直分布最密集的范围，是在20~80cm，但因土壤条件及管理条件的不同而有一定的差异。

葡萄根系的水平分布因架式不同有所差异。在棚架栽培条件下，因地上部枝蔓的生长方向的影响，一般架下根系常比架后的要多。如昌黎果树所在涿鹿外虎沟旱地葡萄园调查，架下吸收根重量远比架后为多（分别为82.7g 和 24.5g），架下根系水平分布最远可达 2.7m，而架后仅为 1.3m。

3. 发根特点　葡萄的枝蔓上很容易产生不定根，故可利用扦插进行苗木的繁殖。

（二）根系年周期生长规律

由于葡萄种及品种的不同，葡萄根系开始活动的土壤温度不同（开始吸收水及养分）。欧洲种需 6~6.5℃，美洲种需 5~5.5℃，山葡萄需 4.5~5.2℃。当土温达到 12~14℃时欧洲种葡萄的根系开始产生新根。在地上部枝蔓的新鲜剪口处流出液体（伤流）时，即说明根系已经开始活动。从伤流开始出现到芽萌动为止称为树液流动期。芽萌动后随枝叶的生长，伤流逐渐消失。葡萄根系生长的最适温为 25~30℃，扦插发根最适温为 28~30℃。

在年周期中，欧洲种葡萄一般有两次生长高峰。北京地区有灌溉条件的葡萄园，龙眼和佳利酿品种的根系从 5 月下旬开始有较明显的生长，6 月下旬到 7 月间达到一年中生长的第一次高峰，9 月中下旬又出现一次生长高峰。

葡萄根系无自然休眠现象，只要条件适宜，全年均可生长。正是由于根系无自然休眠现象，因此根系的抗寒力很差，欧亚种在−5℃时就发生冻害，美洲种能抗−7℃低温，欧美杂交种一般居中，能抗−6℃。

二、茎和芽的形态特征与生长

（一）茎和芽的形态特性

葡萄的地上部为蔓生藤本植物。经济栽培葡萄地上部主要由主干、主蔓、侧蔓、结果母枝、新梢和副梢等组成（图5-1）。

1. 主干　　从地面发出的单一树干。在冬季需下架埋土防寒的地区，一般不保留主干，从地面或近地面处直接分生出主蔓。

2. 主蔓　　主干上的多年生分枝，其上着生侧蔓或结果枝组。如葡萄从地面直接分生多个分枝，在习惯上均称为主蔓，在整形上称为无主干类型的树形。

3. 侧蔓　　主蔓上的多年生分枝，其上着生结果枝组或结果母枝。

4. 结果枝组　　是由2个或2个以上结果母枝或预备枝组成的一个枝群。

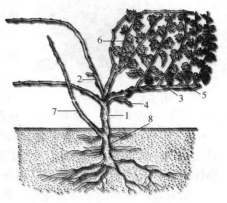

图 5-1　葡萄地上部分组成
1. 主干　2. 主蔓　3. 结果母枝　4. 预备枝
5. 结果枝　6. 生长枝　7. 萌蘖　8. 根干

结果母枝是当年成熟的新梢在冬剪时保留基部数节短截后的一年生枝。结果母枝上的芽应全部或部分为花芽，第二年春萌发抽生带有花序（果穗）的新梢。新梢上着生花序的称为结果枝，不具花序的新梢称为生长枝。

葡萄的新梢由节、节间、叶片、夏芽和冬芽、卷须（果穗）组成（图5-2）。节上着生叶片，叶片的对面着生花穗或卷须。叶柄基部叶腋内着生两个芽（冬芽和夏芽）。节间的中心部位是髓，在节处常有横隔膜把髓隔开，以加强新梢的坚固性。

叶片在新梢上互生。由于葡萄种及品种的不同，叶片的形态变化很大。一般多具有3～5裂，也有全缘的。5裂叶片由1个上裂片、2个中裂片、2个下裂片组成，叶片裂刻可分浅、中、深、极深四类（图5-3）。叶面与叶背常着生不同状态的绒毛，呈直立状的

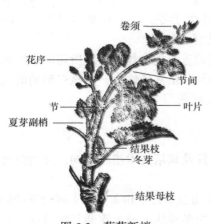

图 5-2　葡萄新梢

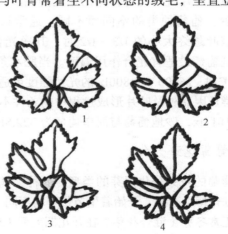

图 5-3　葡萄叶裂刻深度标准
1. 浅　2. 中　3. 深　4. 极深

称为刺毛，平铺呈绵毛状的称为丝毛，绒毛的形状和着生密度也是鉴别品种的标志之一。

葡萄的夏芽为裸芽，随着新梢的加长生长，叶腋中的夏芽即萌发成为夏芽副梢。在夏芽旁边着生冬芽，冬芽一般需通过越冬至次年春才能萌发，故称为冬芽。但在生长势强，冬芽受到刺激时，也可当年萌发。冬芽是几个芽的复合体，位于中央最大的一个芽称为主芽，其周围有 3～8 个大小不等的后备芽，故又称为芽眼（图 5-4）。

图 5-4　葡萄冬芽
1. 主芽　2. 后备芽　3. 花序原基
4. 叶原基　5. 已脱落的叶柄

卷须和花序是同一起源的器官，由于发育程度不同，在葡萄园里可以找到从典型花序到典型卷须的各种过渡形态（图 5-5）。卷须在新梢各节上的着生方式因葡萄种类不同而异，美洲种葡萄连续性着生，即每节上均着生卷须；其他种类都是每着生两节空一节，呈间隔排列。卷须的主要作用是缠绕其他物体攀缘生长的工具，在经济栽培条件下应及时疏除，以防扰乱树形和减少营养消耗。

带有花序原基的芽称为花芽，葡萄的花芽为混合花芽。

（二）新梢的年生长规律及叶片的光合作用

当日平均温度稳定在 10℃ 左右时，欧洲种葡萄即开始萌芽，1～2 周后新梢开始伸出。初期生长慢，随着气温的升高，生长逐渐加快，3～4 周生长最快，此时每天加长生长量可达 5～6cm 或更长，开花期前后，由于器官之间出现对营养物质的竞争，新梢的快速生长开始有所减慢，往后生长速度逐渐变慢。葡萄新梢不形成顶芽，只要气温适宜，可一直继续生长到晚秋。

一般认为，开花期前后（新梢长到 10 片叶左右）植株处于营养转换期，即上年的贮藏营养利用完毕，葡萄植株生长逐步过渡到依靠当年新生叶片所制造的光合产物。

葡萄叶片进行光合作用的速度随温度、光照强度、叶片年龄、葡萄种类的不同而不同。通常认为，当叶片生长到该叶最终大小的 1/3～1/2 时，其净光合量才大于零。25℃ 是葡萄最适宜光合作用温度。当肥水条件适宜，气温

图 5-5　葡萄花序与卷须
1. 好　2. 较好　3. 中等
4. 差　5. 极差

为 25℃ 时，26900～53800lx 的光照强度最适于葡萄进行光合作用，即所谓的光饱和点；光补偿点因品种及叶片形成过程中的条件不同而异。正常条件下，无核白葡萄的光补偿点为 1614lx，砂地葡萄与河岸葡萄为 322.8lx，美洲葡萄为 1614lx。

三、葡萄花芽分化

葡萄的花芽分化因芽的类型、品种、气候条件及栽培技术措施不同，开始分化的时期、分化持续时间、开始着生节位等均不同。

正常冬芽（混合花芽）在开花期前后（5 月中旬至 6 月中旬）主梢上靠近下部的冬芽先开始花芽分化。随着新梢的延长，新梢上各节的冬芽从下而上逐渐开始分化，但最基部的 1～3 节上的冬芽开始分化稍晚，这可能与该处营养积累开始较晚有关。冬芽内花序

原基突状体出现后，进一步形成各级分轴，至当年秋季冬芽开始休眠时末级分轴顶端单个花的原基可分化出花托原基（图5-6）。进入休眠期后，整个花序在形态上不再出现明显的变化。一直到次年春季萌芽展叶后，每个花蕾才开始依次分化出花萼、花冠、雄蕊、雌蕊。一般出叶后一周形成萼片，再过一周出现花冠，出叶后两周半到三周雄蕊开始发育，再过一周心皮原始体出现，不久即形成雌蕊。春季花序原基的芽外花化，主要依靠体内上一年的贮藏营养物质。

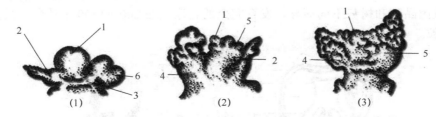

图 5-6 葡萄花芽分化过程（黄辉白）

（1）主芽原基处于分化的前期 （2）进入分化后期第一个分化原基已形成 （3）两个花序原基已充分形成

1. 生长点 2. 叶原基 3. 前体 4. 第一个花序原基 5. 第二个花序原基 6. 第一分支

【知识点】主干、主蔓、侧蔓、结果母枝，夏芽、裸芽、冬芽，卷须，葡萄根、芽、茎类型与发育规律，花芽分化规律与性细胞形成规律。

【技能点】能够表述与葡萄生长习性有关的名词概念；表述葡萄根、芽、茎（蔓）类型与发育规律；表述葡萄花芽分化规律与性细胞形成规律。

【复习思考】

1. 葡萄根系分布与生长有何特点？
2. 葡萄茎（蔓）、芽类型有哪些？
3. 葡萄夏芽与冬芽有何区别？
4. 简述葡萄花芽形态分化规律与性细胞形成进程。

任务二 结实习性认知

【知识目标】掌握葡萄花器构造与开花特点；掌握葡萄授粉受精特点及影响授粉受精的因素；掌握葡萄果实发育规律与落花落果规律。

【技能目标】能够根据葡萄落花落果规律与原因，提出提高坐果率的措施；根据葡萄果实发育规律与生长原因，能够提出并实施各项促进果实发育的技术措施。

一、花与花序

葡萄的花多为两性花，花朵由花萼、花冠、雄蕊、雌蕊和花梗五部分组成（图5-7）。花冠上部连体呈帽状，紧罩在花萼上，包着雄蕊和雌蕊，开花时花冠基部5片裂开，由下向上卷缩，花冠内的雄蕊伸张，将帽状花冠顶起脱落。少数栽培品种如白鸡心、罗也尔玫瑰、安吉文、白玉、意大利玫瑰等只有雌蕊，雄蕊退化；山葡萄野生种为单性花，雌雄异株，雌能花和雄能花分别着生于雌株和雄株上。

雌蕊一般多呈梨形，上位子房，子房二室，每室有两个胚珠，每1个胚珠受精后形成一粒种子，故每一浆果可有 1～4 粒种子。

葡萄的花序是复总状或圆锥花序，由花序梗及多级次的花序轴和花朵组成（图 5-8）。花序通常着生在结果梢的第 3～7 节，在叶片的对面。每个结果梢上着生的花序数量因品种、生长势的不同而异。欧洲种品种每个结果梢上一般有花序 1～2 个，美洲种品种多者可达 6～7 个，但花序较小。花序以上的节位，按一定规律着生卷须。花序中心轴基部分出的第一分轴较长较粗时，称单副穗；第二分轴也较长较粗时，称双副穗。每个花序的花数因品种和树势不同而异，发育完全的花序一般 200～1500 个花蕾，最多的可达 2500 粒。

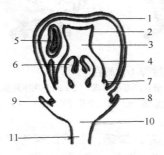

图 5-7 葡萄花蕾纵切
1. 花冠 2. 柱头 3. 花柱 4. 子房
5. 花药 6. 胚珠 7. 蜜腺 8. 花萼
9. 下蜜腺 10. 花托 11. 花梗

图 5-8 葡萄花序

二、开花、坐果与落果

葡萄一般在日平均温度达到 20℃时开始开花。开花早晚与开花前温度关系最密切。在人工气候室内生长的葡萄，白天 / 夜晚温度保持在 14℃ /9℃时，从萌芽到开花需要70d。而保持在 37.8℃ /32.8℃时只需要 20d（Buttrose，1973）。在自然气候条件下，从萌芽到开花一般需经历 6～9 周。

葡萄开花期间的温度对花的开放有很大的影响。在 15.5℃以下时开花很少，温度升高到 18～21℃时开花量迅速增加，气温达 35～38℃时开花又受到抑制。在 26.7～32.2℃的情况下，花粉发芽率最高，花粉管的伸长也最快，在数小时内即可进入胚珠。而在15.5℃的情况下，则需要 5～7d 才能进行胚珠。

葡萄开花期一般为 4～14d，但随品种、气候条件的变化会发生变动，多数情况下6～10d。

葡萄多数为自花授粉品种，花冠脱落，花粉从花药中散出完成授粉过程。有的品种有时花冠不裂开即可在花冠内自花授粉，这种现象称为闭花授粉。

多数葡萄品种坐果需要授粉、受精及种子的正常发育。但有些无核品种，不经授粉和受精过程也可坐果，这种现象称为自发单性结实，如黑科林斯。另一种情况，虽不发生受精过程，但必须有花粉的刺激才能坐果，这种现象称为刺激性单性结实（又称伪单性结实）。无籽葡萄不一定都是单性结实，很多有核葡萄品种如玫瑰香，因为受精的胚珠在败育之后也能继续发育而形成果实，只不过由于缺乏种子产生的赤霉素等，无籽果实比有籽果实小。

落花落果是葡萄自身为了维持一定的树势和一定的生理机能而产生的自我调节现象。据中川（1961）报道，不同品种的自然坐果率为：康拜尔早生37.2%，玫瑰露49.7%，蓓蕾玫瑰44.4%，新玫瑰27.7%，白玫瑰香17.6%，巨峰11.7%。葡萄落花落果表现为脱落早且集中，一般在盛花后4~8d集中落果（第一次落果高峰），以后陆续落果，到盛花后第15天落果终止（图5-9）。

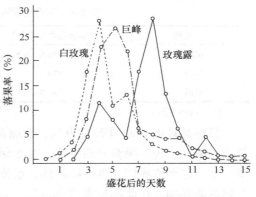

图5-9 不同葡萄品种落果规律

葡萄落花落果的原因有以下几项。

（1）遗传原因 性器官发育不良（主要是雌性器官发育不良）和花粉管生长慢。

① 雌性器官发育不良。除单性结实的品种外，大部分葡萄品种均需要种子的正常发育才能坐果。在目前常见品种中，有些品种由于遗传原因造成胚珠发育不良，坐果率低。如4倍体品种，森田尼康浓玫瑰其杂交后代巨峰、先峰等（表5-1）。

② 花粉生长速度慢。花粉管生长速度慢，在雌配子生存期间内不能完成受精是导致巨峰系品种坐果率低的另一原因。如巨峰每个子房平均仅有0.4个花粉管到达珠孔，即2~3朵花形成一粒种子；先峰每5个子房中只能有一个花粉管到达珠孔，而玫瑰香花后4d后就有80%的胚珠受精（表5-2）。

由上述两种原因巨峰品种因遗传原因的落果率就高达62.8%，而玫瑰香仅有24%。

表5-1 不同葡萄品种异常胚珠率

坐果程度（%）	品种名称	异常胚珠率（%）
坐果率低的品种	巨峰	48
	高尾	57.9
坐果率高的品种	白玫瑰香	10以内
	玫瑰香	4~6

引自：佐滕，1977。

表5-2 巨峰系品种的结实率与花粉管到达胚珠的比率

品种	结实率（%）	有核果率（%）	花粉管到达率（%）
巨峰	27.4	55.9	9.6
先峰	29.1	44.6	4.5
红瑞宝	35.8	90.9	21.6
红伊豆	31.8	93.4	21.0
红哈尼	27.0	91.6	13.8

引自：冈本五郎。
注：花粉管为开花后4d调查。

（2）养分供应不足造成胚乳及胚发育停止而落果 冈本五郎对玫瑰香落果原因研究表明，玫瑰香落果除未受精外，主要是养分供应不足，尤其是有机养分不足，造成胚乳发育不良，引起珠心萎缩、胚珠退化。花期前后通过摘心等方法控制有机养分的营养建造消耗，可大大提高坐果率（表5-3）。

表5-3　不同处理对玫瑰香葡萄座果率的影响

处理	单穗花朵数（个）	单穗坐果数（个）	坐果率（%）
摘心整穗	435.0	124.4	28.6
喷硼	824.3	130.0	15.8
对照	786.3	74.0	9.5

引自：冈本五郎。

另据吴景敬1963年研究发现，玫瑰香在开花坐果和果实发育过程中，有两个营养临界期。第一个为坐果营养临界期，在此期如满足了幼果所需的养分、水分可以提高坐果率，过了这个临界期，再供给养分、水分也不能挽回落果严重的局面。第二个为种子成长营养临界期，在此期如果营养不良，会造成种子停止发育而形成无核小果。这两个营养临界期在花后30～40d内通过。

（3）不良的气候条件　　主要表现为低温、降雨、光照不足等。

低温：0℃以下时，生殖器官被冻死。葡萄花粉萌发需温度为20～30℃，以25～30℃为宜，35℃为高温的临界温度。

日照不足：造成同化量减少，新梢徒长，花器发育不好。同时日照不足造成花冠脱落不良，影响授粉，导致落花落果严重。

降雨：造成日照不足、低温、湿度大，影响授粉。

三、果实发育与成熟

葡萄果实发育规律表现为双S曲线型。果实的整个发育过程分3个时期（图5-10）。

1. 第一期　称第一速生期。授粉受精后，果皮（果肉）与种子的体积与重量快速增加，而胚生长缓慢。幼果日增长量可达0.82mm，纵径生长显著大于横径。此时浆果仍保持绿色，果肉硬，含酸量高。大部分葡萄品种这一期需持续5～7周。

2. 第二期　称缓慢生长期。浆果的生长速度明显减缓，种皮开始迅速硬化，胚快速生长。即第二期主要表现为胚的发育与核的硬化。浆果酸度达到最高水平，并开始了糖的积累。在缓慢生长期中，叶绿素逐渐消失，浆果色泽开始发生变化。此期一般持续2～4周。无核品种这一时期不明显。

3. 第三期　称第二速生期。浆果的最后膨大期，以横径增长为主，果实生长量一般

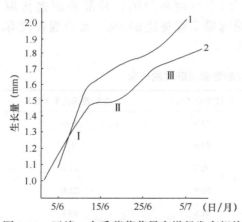

图5-10　巨峰、白香蕉葡萄果实纵径发育规律
Ⅰ. 第一速生期　Ⅱ. 缓慢生长期　Ⅲ. 第二速生期

小于第一期。果实组织变软，糖的积累增加，酸度减少，表现出品种固有的色泽与香味。此期持续5～8周，浆果达到成熟后，即可采收。

葡萄果实体积与重量的增长主要与果实细胞数量和体积以及细胞间隙有密切关系。一般有种子葡萄开花时子房内约有20万个细胞，发育40d之后，可增加到60万个细胞。要达到这一数目，花前需分裂17次，花后仅需分裂1.5次。因此，需要在花前创造良好

的细胞分裂条件（增加前一年树体贮藏营养量、花前及时抹芽疏花序、早春萌芽期施用速效氮肥等），才有利于获得较大的果粒。

细胞体积的增大是葡萄果粒增大的另一主要原因，到成熟时细胞体积可增大300倍或更多。而细胞数量仅比开花前增加了不到2倍，细胞间隙可增长4倍。因此，开花后科学的梢果管理、肥水管理等对增大细胞体积，获得较大的果粒起到决定性的作用。

葡萄果实的成熟是浆果组织变软，糖的积累增加，酸度减少，表现出该品种固有色泽与香味的过程。着色度和含糖量是衡量着色葡萄品种成熟度及果实品质的一个重要指标。

影响果实着色度有以下几个因素。

（1）果实含糖量　葡萄果实的着色（花青素的合成）依赖于果实内糖的积累，只有果实在一定时间内糖增加到一定的限度，果实才能着色良好（表5-4）。

表 5-4　不同葡萄品种着色程度与糖度的关系

品种	绿色	粉红色	紫红色	黑紫色
巨峰	14.25	16.1	17.3	18.8
龙眼	13.0	15.2	20.1	
玫瑰露	12.0	15.0	17.0	
康拜尔早生	7.0	9.0	12.0	

注：表中数据的单位为白利度。

糖主要由叶片光合作用制造，故有效叶面积量与浆果的含糖量及品质有密切关系。在葡萄的摘叶试验中（Kliewer，1970，1971）发现叶面积减少到临界值以下（即每克浆果需叶面积10cm²），将降低浆果成熟度、重量、色泽、总氮量以及浆果的其他成分。一般认为每生产500g葡萄需要叶面积为0.4～0.7m²（一般葡萄的叶面积系数为2.5以下）。有些葡萄园产量较高，但果实着色差就在于此。

（2）果实的受光量　浆果着色对光照的要求，不同品种之间有很大差异。马塔罗、红马拉加、黑比等品种的果穗用黑纸袋进行套袋处理与不套袋处理，两者在着色上无差异。而皇帝、苏丹玫瑰和粉红葡萄不见光的果穗则不能着色（Weaver等，1960）。葡萄浆果需要光线直接照射才能充分着色的称为直光着色品种，不需要直射光也能正常着色的称为散光着色品种。主要直光着色品种有甲州、粉红葡萄、黑汉、玫瑰香、粉红沙士拉、皇帝、苏丹玫瑰等，主要散光品种有玫瑰露、罗也尔玫瑰、卡托巴、康可、康拜耳等。

（3）温度　温度对着色有显著影响。在酷热地区很多红色品种及黑色品种葡萄色素形成受到抑制。在较冷凉地区，有些红色鲜食品种往往变成黑色品种。可口甘、黑彼诺和赤霞珠葡萄在成熟期，夜间温度控制在15℃不变，白天温度为20℃比30℃的处理果皮内色素的含量大大增加（Buttrose，1971）。夜间温度对葡萄着色也有很大的影响，粉红葡萄在成熟期间，当白天温度控制在25℃不变的情况下，夜间温度为30℃时浆果完全不能形成色素，夜间温度为15℃或20℃时浆果着色良好（Kliewer，1972）。

【知识点】葡萄花器构造与开花授粉特点，落花落果原因与规律、果实发育规律。
【技能点】能够表述与葡萄结实习性有关的名词概念；表述葡萄开花授粉特点、落花落果规律与原因、果实发育规律。

【复习思考】

1. 简述葡萄花器构造与开花特点。
2. 葡萄授粉、受精有何特点。
3. 简述葡萄落花落果原因与规律。
4. 简述葡萄果实生长发育规律与生长原因。
5. 简述影响葡萄果实着色的主要因素。

任务三　生长环境认知

【知识目标】掌握影响葡萄生长结果的主要环境因素；掌握葡萄对不同环境因素的要求。
【技能目标】能够根据葡萄对不同环境的要求，指导设施生产中环境的调控与建园。

在环境因素中，气候因素对葡萄的生长与发育起着首要的作用，其次是土壤条件。在露地栽培情况下，气候与土壤条件不但决定葡萄能否在一个地区进行成功的经济栽培，同时也决定葡萄的产量、质量。设施栽培要实现产期的调控及获得较高的经济产量，必须深入了解葡萄不同物候期对环境因素的要求，并制订出相应的环境调控指标与调控技术。

一、温度

温度是葡萄最重要的生存因素。葡萄萌芽、生长、开花、结果、落叶进入休眠，主要受温度影响。春季昼夜平均气温达 10℃ 左右时，葡萄即开始萌发生长；秋季昼夜平均气温降到 10℃ 左右时，营养生长即结束。葡萄栽培中把 10℃ 称为生物学零度，10℃ 以上的温度减去 10℃ 称为有效温度。某一地区一年内昼夜平均温度高于 10℃ 天数的温度全部相加的总和减去（10℃ × 天数），即为该地区的年有效积温。将葡萄开始萌芽到浆果完全成熟期间全部日有效温度相加起来，即为该品种所要求的有效积温（表 5-5）。生长期中的有效积温与浆果成熟期密切相关，只有满足了有效积温，葡萄才能成熟。因此，在设施栽培情况下，不仅可以通过调节升温时间调控葡萄果实的成熟期，在一定范围内，也可以通过调节果实发育期间的温度调控成熟期。

表 5-5　不同成熟期的葡萄品种对有效积温的要求

品种类型	从萌芽期至浆果充分成熟期的所需		代表性品种
	有效积温（℃）	天数	
极早熟品种	2100～2500	120d 以下	早红
早熟品种	2500～2900	120～140d	康拜尔、乍娜
中熟品种	2900～3300	140～155d	玫瑰香、巨峰
极晚熟品种	3700 以上	180d 以上	龙眼

引自：严大义. 1995. 葡萄生产技术大全。

葡萄在年生长周期中，不同物候期器官的发育均具有明确的"三基点"要求（表 5-6）。一般开始生长的起点温度为 10℃ 左右，最适生长温度为 25～30℃，最高极限温度 40℃，40℃ 以上则叶片变黄而脱落。

表 5-6 葡萄不同物候期对温度的反应（沈阳地区）

物候期	低温极限及其反应		最适温度及其表现	高温极限及其反应
萌芽期	−3℃以下低温萌动的芽开始受冻		15~20℃萌芽整齐、速度快	
新梢生长期	−1℃时嫩梢和细叶开始受冻。秋季，10℃以下停止生长；−3℃以下低温成叶和未成熟新梢受冻		25~30℃生长迅速，一昼夜可延长6~10cm或更长	35℃以上停止生长，40℃以上嫩梢枯萎，叶片变黄脱落
开花坐果期	0℃以下花器受冻死亡，幼果受冻脱落		25~30℃开花迅速，花期缩短，授粉受精率高，容易坐果	35℃以上授粉受精受阻
浆果成熟期	−3℃以下低温浆果受冻或造成生理落果		28~32℃浆果成熟和着色加速，色、香、味好，品质优。温度不足，成熟缓慢，含糖量低，含酸量高，品质差	35℃以上易得日烧病，呼吸强度大，营养消耗多，酶的活动受干扰，生化过程受阻，浆果内含物、品质下降
落叶期	零下低温叶片受冻枯死		3~5℃正常落叶	
休眠期	根系	枝芽		
	欧亚种−5℃受冻	能耐−18~−16℃		
	美洲种−7℃受冻	能耐−22~−20℃		
	山葡萄−16℃受冻	能耐−40℃		
	欧美杂交如巨峰−7℃受冻	能耐−22~−20℃		
	贝达−12℃受冻	能耐−30℃		
	北欧杂种−15~−11℃受冻	能耐−30℃		

引自：严大义. 1995. 葡萄生产技术大全。

二、光照

光是葡萄生命活动的重要因素。光的强弱直接影响葡萄组织和器官的分化与发育。光照过多或不足，均会影响葡萄的正常生长和结果，降低浆果产量和质量。

可见光（波长在400~760nm的光）投射到地面作用于葡萄植株又分为两种性质的光，即直接照射在树冠的"直射光"和照射到地面或其他物体反射到树冠的"散射光"。直射光固然是葡萄树吸收太阳光获得能源的主要部分，但是散射光由于易被树冠吸收利用，而且树冠吸收散射光的面积比直射光要大得多，只要葡萄栽植合理可以使来自各个方向的光都得到充分利用，葡萄就能获得高产、优质。

三、土壤条件

葡萄对土壤条件的适应性很强，除了极黏重的土壤、沼泽地、重盐碱地不宜栽培外，各种类型的土壤中均能栽培。但是，葡萄根系生长区是肉质的，而且根系的生长发育需要氧气充足。因此在土壤疏松、通气良好的土壤上，葡萄生长健壮。

葡萄耐盐碱的能力较其他果树都强，因为葡萄根系能在一定程度上限制盐类进入体内，同时本身具有消除盐害的生理功能。据河北茶淀清河农场调查，土壤中氯化钠含量在0.13%时葡萄生育正常，达0.18%时生长受阻，发育不良，达0.23%时植株受害开始死亡。但幼龄葡萄树的耐盐能力显著弱于成龄植株，当土壤中含氯化钠0.1%和硫酸钠含

0.4% 时幼树就会死亡。

葡萄适宜的 pH 一般为 6.0～7.5，低于 4 时生长显著不良，高于 8.3 时则容易出现黄叶现象。

【知识点】影响葡萄生长结实的主要环境因素，如温度，水分，光照，土壤。
【技能点】能够表述影响葡萄生长结实的主要环境因素及其作用。
【复习思考】简述葡萄对温度、光照、土壤的要求。

项目三　设施促成栽培

任务一　建园与栽植

【知识目标】掌握设施葡萄促成栽培建园中园地的选择；掌握设施葡萄促成栽培设施类型与品种的选择；掌握葡萄栽植技术。
【技能目标】能够根据栽植地区优势环境正确选择栽培设施类型与品种；能够正确完成葡萄的栽植操作。

一、园地的选择

园地的选择与规划，除要符合设施园区总体规划与设计外，还应考虑葡萄对园地的要求。葡萄对土壤条件的适应性很强，除了极黏重的土壤、沼泽地、重盐碱地不宜栽培外，各种类型的土壤中均能栽培。另外，葡萄耐盐碱的能力较其他果树都强，土壤中氯化钠含量在 0.13% 时葡萄生育正常。葡萄适宜的 pH 一般为 6.0～7.5，低于 4 时生长显著不良，高于 8.3 时则容易出现黄叶现象。

但是，葡萄根系生长区是肉质的，而且根系的生长发育需要氧气充足。因此在土壤疏松、通气良好的土壤上，葡萄生长健壮。

二、设施类型与品种的选择

设施类型与品种的选择，可参考设施桃。除此以外，葡萄对高温的忍耐能力比核果类树种强，在整个生长阶段均可忍耐近 30℃ 的高温。因此，葡萄促成栽培适宜于各类栽培设施。如日光温室、带保温材料的大棚或不带保温材料的大棚，塑料膜多层覆盖大棚及现代化温室等。

从利用各地优势资源，提高经济效益的原则选择设施类型、品种类型，可参考设施桃促成栽培设施类型与品种选择的原则。

三、栽植

（一）栽植密度

设施栽培情况下，葡萄的栽植密度主要是根据品种特性、架式与整枝形式及管理方法等条件确定。

1. 品种特性　　生长势强、成花节位高的品种（如红提等），宜采用棚架、大架，栽植密度稀。这样单株地上部营养面积大，有利于缓和葡萄植株的生长势，降低成花节位和管理用工；生长势中庸、成花节位低的品种（玫瑰香、巨峰等），宜采用篱架、小架，栽植密度大。密植栽培可实现早期丰产，但管理用工较多。

2. 架式与整枝形式　一般棚架栽培要求的行距较大，而篱架栽培则较小。在行距大于3m时，应采用棚架（表5-7）。在高效节能日光温室采用棚架种植葡萄，一般在温室前沿向内1m处东西向种植1行，葡萄枝蔓在棚架上由南向北延伸生长，到盛果期，葡萄枝蔓要延伸到接近北墙；采用篱架要南北成行。

表5-7　不同架式葡萄的栽植密度

架式	株距（m）	行距（m）
篱架	0.25～1.0	2.0～2.5
棚架	0.5～2.0	3.0～8.0

3. 管理水平与经营方式　管理技术水平高，用工成本较低的园区，可利用篱架进行密植栽培；相反宜采用棚架稀植栽培。

篱架在采用大型农机具、高主干整形的情况下，行距不能小于2.7m，在采用以手工劳动为主的情况下，行距还可适当缩小。

（二）栽植前的土壤准备

葡萄是深根性树种，为促进葡萄快速生长，实现葡萄的快速丰产及优质高产。定植前应对土壤进行深耕熟化与改良，为根系创造适宜的生长条件。

采用棚架栽培，一般沿栽植行挖深度为0.8m左右，宽度为1.0m，长度与行长相等的土壤改良沟。篱架栽培，也要沿栽植行挖同样标准的土壤改良沟。在对沟进行回填时，把准备好的充分腐熟的有机肥和土混合后回填到改良沟内。为防止有机肥对新栽植的葡萄苗木根系产生肥害，把肥回填到地表30cm以下。回填好后充分灌水，使土壤沉实，以便进行苗木的栽植。

充分腐熟的有机肥用量一般每亩4～6m³。应注意的是采用棚架栽培的种植密度小，土壤改良沟少，用肥量要少；篱架栽培的种植密度大，土壤改良沟多，用肥量应大。

（三）栽植时期与方法

栽植时期一般以春栽为主，当昼夜平均温度达到10℃左右即可栽植。苗木自贮藏窖内至取出后，最好在清水内浸泡12～24h，然后对苗木进行适度修剪，地上部剪留2～3节，根系保留8～10cm剪截。栽植深度应与苗木在苗圃地深度相同。栽植后露出地面的枝条需用土覆盖，培土高出顶芽2～3cm即可，以防失水抽干。待芽眼膨大后，再逐步弄松或撤去覆土，如覆土浅而不板结，幼芽可自行拱出土面。

【知识点】园地的选择与规划，设施类型与种植品种的选择，苗木标准、栽植密度与深度等栽植技术。

【技能点】能够表述葡萄种植品种与设施类型的选择；表述与葡萄栽植有关的技术操作过程。

【复习思考】

1. 简述葡萄设施促成栽培园区园地选择时应注意的问题。
2. 为充分利用当地优势资源，提高设施促成栽培葡萄的经济效益，在设施类型与品种选择时应注意哪些问题？
3. 简述设施葡萄的栽植技术。

任务二　架式与整形修剪

【知识目标】掌握葡萄常用架式与整形方式；掌握葡萄冬季修剪技术。

【技能目标】能够根据品种特性与栽培管理要求，确定葡萄的架式与整形方式；能够正确完成各种整形方式的整形操作；能够根据葡萄品种特性、架式、整形方式完成冬季修剪操作。

葡萄的架式、整形和修剪三者之间是密切相关的。一定的架式要求一定的树形，而一定的树形又要求一定的修剪方式，三者必须相互协调，才能得到良好的效果。

一、架式

目前设施栽培葡萄采用的架式主要有篱架、棚架和棚篱架。采用篱架栽培的葡萄栽植密度大，早期丰产性强，生长期地上、地下管理用工量大；相反，采用棚架栽培的葡萄，生长势缓和，生长期地上、地下管理用工量少。另外，采用棚架栽培的葡萄，果穗在架下垂直着生，便于花果管理及病虫害的防治。

（一）篱架

篱架的架面与地面垂直，沿着行向每隔4～6m设立1个支柱，支柱上拉铁丝，形状类似篱笆，故称为篱架。根据单行篱架架面的多少，又分为单篱架和双篱架（图5-11）。

1. 单篱架又称单壁篱架（图5-12）　高度一般为1.2～2.0m，架面自下而上每隔40～50cm拉1道铁丝。架高依行距而定，一般架高应小于行距。如行距1.5m时，架高1.2～1.5m，行距2m，架高1.5～2.0m。

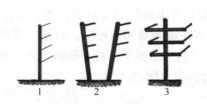

图 5-11　篱架
1. 单壁篱架　2、3. 双壁篱架

图 5-12　单篱架

2. 双篱架又称双壁篱架　结构与单篱架基本相似，不同之处是多一道篱壁。葡萄栽植在两个篱壁面的当中，枝蔓分别引缚在两边篱架的铁丝上。双篱架基部两壁间距50～80cm，顶部间距80～120cm。与单篱架相比，架面扩大了一倍，增加了枝量和结果部位，产量较单篱架高。

3. V形篱架　该架是双壁篱架的一种变形，由立柱、三角梁及拉线构成（图5-13、图5-14）。结果母枝固定在最下一道铁丝上，结果枝向双侧引缚，近似双壁篱架。

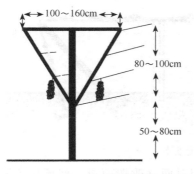

图 5-13　V 形篱架结构图

图 5-14　V 形篱架

（二）棚架

根据架面与地面的角度不同，棚架可分为倾斜式棚架和水平式棚架两种基本形式。但在实际生产中，生产经营者根据设施内的空间、管理方便程度、空间的利用情况及结果要求等创造出很多变异类型。

1. 倾斜式棚架　架面呈倾斜状，架跟处的立柱高 1.0～1.8m，架梢高 2m 以上，架面长度 4～15m。其中架面长度在 6m 以上的为大棚架，架长 4～6m 的为中棚架，架长 3～4m 的为小棚架（图 5-15、图 5-16）。

图 5-15　倾斜式棚架

图 5-16　倾斜式棚架结构图
1. 大棚架　2. 小棚架

采用棚架栽培葡萄，占天不占地，因行距大，栽植时少挖定植沟而节省人工，改土施肥集中，投资少，在以后的多年管理中，土肥水管理投资也少；果穗距离地面高，不易受到地面飞溅水滴污染，有利于病害的防治。棚架栽培不足之处：由于行距大，枝蔓爬满架面的时间较长，前期葡萄产量较低；单株负载量大，要求根系供应能力强，对肥水管理要求高；主蔓损伤后，更新时间长。

2. 水平连棚架　北方地区将多排小棚架呈水平状架面连接在一起成为一个大的架面，称为水平连棚架（图 5-17）。该架立柱高 2m 以上，行宽 6m，每行两排立柱，每个立柱间距 4m。行间立柱对齐，以铁线替代横杆，架面铁线纵横交叉。在不需要埋土防寒的连栋大棚、连栋温室中，水平棚架一般采用高干 H 形或一字形整枝方式。

水平连棚架的优越性是：架高 2m 以上，有利于小型农机具在架下耕作和人工操作；通风透光好，架高减少病害侵染，使浆果品质提高。此架式在观光采摘园区的连栋大棚或连栋温室中最适宜采用。

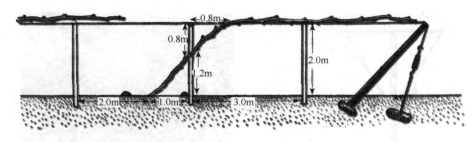

图 5-17　北方水平连棚架

3. 屋脊式棚架　　由两个倾斜式小棚架相对而立改造而成，似屋架（图 5-18、图 5-19）。其优点是：可节省一排架柱，而且棚架牢固。

图 5-18　屋脊式棚架示意图

图 5-19　屋脊式棚架

图 5-20　棚篱架

（三）棚篱架（图 5-20）

棚篱架是单壁篱架的发展，也是篱架和棚架的结合。棚篱架的篱面高度 1.5～1.8m，棚面宽度小于行距，架梢高 2m 以上。立面拉 2～3 道铁线，棚面拉 3～5 道铁线。

棚篱架优点是兼有两种架面，充分利用空间结果，单位面积产量较高；缺点是作业较不便，多年后由于篱架面长期光照不足，下部易光秃。

二、整形

葡萄的整枝（形）形式必须考虑品种特性、架式及管理技术水平等。生长势强的品种一般选用较大的整枝形式，以便于缓和树势，减少摘心等生长期管理用工。

（一）篱架扇形整枝

多用无主干多主蔓形式。根据篱架高度分小扇形和大扇形（图 5-21）两类，但基本整枝技术是相同的。

树形：行距 2～3m，株距 1～2m，植株无主干，每株葡萄从定植点培养出多个主蔓

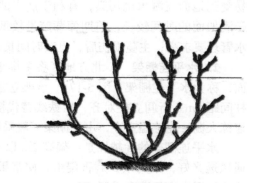

图 5-21　扇形整枝

（小扇形2～3个，大扇形4～5个）像扇子一样立于篱架面上，蔓距40～50cm。小扇形主蔓高度不超过第二道铁线，即1m以下；大扇形不超过第三道铁线，即1.5m以下。每主蔓上着3～5个结果枝组；冬剪时，结果枝组用中梢修剪，预备枝用短梢修剪。

整形过程：第一年，定植当年最好从地面附近培养出3～4根新梢作为主蔓。秋季落叶后，1～2根粗壮新梢可留50～80cm短截。较细的1～2根可留2～3个芽进行短截。第二年，上年长留的1～2根主蔓，抽出几根新梢，秋季选留顶端粗壮的作为主蔓延长蔓，其余留2～3芽短截，以培养枝组。去年短留的主蔓，当年可发出1～2根新梢，秋季选留1根粗壮的作为主蔓，根据其粗度进行不同程度的短截。第三年，按上述原则继续培养主蔓与枝组。主蔓高度达到第三道铁丝，每个主蔓上保留3～4个枝组时，树形基本完成。

（二）篱架水平形整枝

在大棚栽培中，需要埋土防寒的多采用主干倾斜式水平整枝，不需要下架防寒的多采用主干直立式水平形整枝。水平整枝技术简单，对树势旺的品种易于控制，枝条在架面分布均匀，果穗集中于一条水平线上，便于管理。

1. 单臂单层水平整枝 该树形适于篱架和V形架。修剪整形省工，有规律，易掌握。该整枝方式有两种修剪类型。

（1）多枝组短梢修剪水平整枝 该树形由一个主干、一个水平蔓及若干枝组构成（图5-22）。株距1.0～1.5m，定植当年留1个新梢作主蔓培养，冬剪留1.0～1.5m，将其水平绑缚于第一道铁线上，各株的主蔓均向同一方向引引缚。如需要下架埋土防寒，主干呈45°角向一侧倾斜引缚。

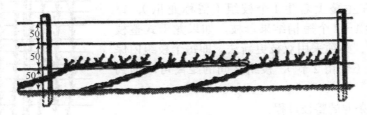

图5-22 单臂水平整枝短梢修剪

第二年春季抹芽定梢时，主蔓上每延长1m留8～10个结果新梢，其余新梢全除掉，结果新梢相距15cm左右。冬剪时对其短梢修剪，留2～3个芽短截。

采用该整枝形式的葡萄应是生长势缓和、结果母枝基部芽成花率高的品种。

（2）单母枝长梢修剪水平整枝 该树形由一个主干和一个长梢修剪的结果母枝构成（图5-23、图5-24）。此类型与上述不同之处在于由一个长梢修剪的结果母枝代替了水平主蔓与短梢修剪结果母枝。适用于生长势强的品种。

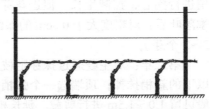

图5-23 单壁水平整枝长梢修剪

2. 双臂单层水平整枝（图5-25） 该树形适于矮篱架、V形架及生长势较强的品种。该整形技术是由单臂单层水平整枝发展而来。水平蔓两个，在第一道铁线上朝相反两个方向引缚。定植时剪留 2 个芽，培养 2 个主蔓，冬剪时每个主蔓长度为 1/2 株距。结果母枝采用双枝更新。

图 5-24　单壁单层水平整枝长梢修剪

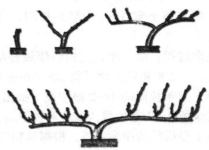

图 5-25　双臂单层水平整枝

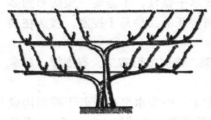

图 5-26　双臂双层水平整枝

3. 双臂双层整枝（图 5-26）　适于高篱架，相当两个双臂单层树形。即从定植的植株培养两个新梢作为主干，一个低干、一个高干，在两个主干上各自培养出两个水平蔓。整枝形式同双臂单层的。

（三）棚架龙干整枝

龙干整形多用于倾斜式棚架或棚篱架上（图 5-27）。为加快整形过程，增加早期产量，一般采用 1 株只保留 1 个主蔓的整形方式。主蔓上不分生侧蔓，直接着生结果枝组。主蔓在架面上的间距为 40～50cm，每隔 20～25cm 在主蔓上着生 1 个枝组（俗称龙爪），每个枝组上着生 1～2 个短梢结果母枝。如果龙干式整枝结合中梢修剪，必须采用双枝更新法，即每个枝组内保留 1 个预备枝（保留 2 节），枝组之间的距离可增加到 30～40cm。

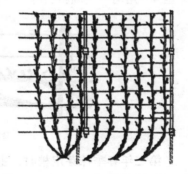

图 5-27　龙干整枝

小棚架两条龙的整枝过程：

第一年：从靠近地面处每株选留 1 个新梢作为主蔓培养，并设立支架引缚。新梢基部 50cm 以内的副梢全部疏除，以上的保留 1 片叶反复摘心控制，入秋后对新梢进行摘心，控制生长，促进花芽形成和新梢成熟。秋季落叶后，对粗度大于 0.8cm 的保留 1.0～1.5m 进行短截，小于 0.8cm 的进行平茬（保留 2～3 个芽）。

第二年：对主蔓通过抹芽定枝，按每 15cm 左右选留一个新梢作结果枝，基部 50cm 以下的新梢抹掉；顶端选一个强梢作延长头继续培养主蔓。秋季落叶后，主蔓延长梢一般可留 1.0～1.5m 进行剪截。延长梢剪留的长度可根据树势及其健壮充实程度加以调整：树势强旺、新梢充实粗壮的可以适当长留，反之，宜适当短留。不宜剪留过长，以免造成"瞎眼"而使主蔓过早地出现光秃带。同时要注意第二年不要留果过多，以免延缓树形的完成。延长枝以外的新梢可留 2～3 芽进行短截，培养成为枝组。主蔓上一般每隔

20～25cm 留一个永久性枝组。

第三年：仍按上述原则培养主蔓及枝组。一般在定植后 2～5 年即可满架完成整形过程。

（四）水平架 H 形整枝、一字形整枝

这两种整枝方式（图 5-28、图 5-29、图 5-30）近年来在我国南方无需埋土防寒地区及北方大型温室或大棚（无需埋土）设施栽培中广泛应用。

H 形整枝：该树形有一个高度 2m 左右的主干。当主干长到近水平棚面时，先与葡萄栽植行的垂直方向分生两个方向相反的主蔓，其上无结果枝组，主蔓

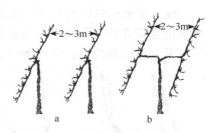

图 5-28　水平架一字形整枝与 H 形整枝
a. 一字形整枝　b. H 形整枝

图 5-29　H 形整枝 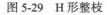　　　图 5-30　一字形整枝

长 1.0～1.5m；再在每个主蔓顶端与葡萄栽植行的平行方向分别分生 2 个方向相反的侧蔓，侧蔓上着生结果枝组。葡萄枝蔓在水平棚面上的排列形状好像英文字母 H。一字形整枝是在主干顶端沿葡萄栽植行的平行方向直接分生两个方向相反的主蔓，主蔓上直接着生结果枝组。

H 形整枝过程：第一年，栽植壮苗，培养一健壮新梢，直立向上生长至近平棚面 20cm 左右摘心。在主梢摘心部位附近培养两个健壮的一级副梢于栽植行向垂直，引缚于平棚架上，待两个一级副梢长至 1.0～1.5m 时对副梢摘心，在两个一级副梢顶端各留两个与葡萄行向平行的二级副梢，即形成 4 个侧蔓。

对多数葡萄园，第一年只能完成直立主干与葡萄行向垂直的两个主蔓的培养。第二年从两个主蔓上再分生 H 形的 4 个侧蔓，并利用这 4 个新梢上的副梢培养主蔓上结果枝组，第三年便可进入初丰产期。

三、修剪

修剪的目的在于继续维持良好的树形与结构，便于进行各项管理工作；使结果母枝在植株上得到合理分布，以充分发挥其结果潜力。

（一）结果母枝的修剪

结果母枝是指着生混合花芽的用于第二年抽生结果枝的枝条。根据结果母枝的剪留长度可分为：短梢修剪（保留基部 1～4 个芽），中梢修剪（保留基部 5～7 个芽），长梢

修剪（保留基部 8～15 芽）。

确定结果母枝修剪长度的依据：品种特性（基部芽眼的成花能力）、整枝形式及夏季新梢管理方法与程度等。生长势弱、基部芽眼成花能力强的品种（如玫瑰香、巨峰等）可采用短梢修剪；生长势强、基部芽眼成花力弱的品种（如龙眼、红提等）宜采用中长梢修剪，否则第二年结果母枝基部不能抽生较多的带有花序的新梢，影响产量。夏季新梢摘心早、年生长量小的枝（小于 80cm），基部芽眼成花率高，可采用短梢修剪；反之宜中长梢修剪。短梢修剪一般与龙干整枝及较细致的夏季管理（摘心）相匹配。在采用中、长梢修剪时，为了控制结果部位的外移和保证每年获得质量较好的结果母枝，一般采用双枝更新的修剪方法。即在中梢或长梢下位留一个 2 个芽的预备枝（图 5-31）。

图 5-31　双枝更新
1. 修剪前　2. 修剪后

（二）冬剪留芽量的确定

冬剪留芽量通常指盛果期树，单位面积架面上冬剪后保留的冬芽数量。从理论上讲，冬剪后的留芽数应当与生长期留梢数基本相近。但考虑到修剪后到萌芽前这段期间的各种损伤等原因，一般留芽量为第二年生长期留梢量的两倍。春季萌芽后，再根据架面大小、树势的强弱和萌芽情况，用抹芽、疏枝等夏剪手段来确定最后的留梢数。

（三）修剪时期

葡萄的冬剪应在落叶后至树液流动前进行，第二年春或设施栽培升温后葡萄萌芽前当土壤温度达到 5℃时，葡萄枝蔓会从伤口处产生伤流，如树体产生大量的伤流会导致树势衰弱甚至死亡。在设施栽培情况下，如不需要埋土防寒，一般在扣棚前完成；需要埋土防寒的，在防寒前进行。如修剪时，葡萄叶片没有全部脱落，可在修剪的同时把叶片一起剪掉。

【知识点】篱架、棚架、棚篱架，扇形整枝、单臂水平整枝、双臂水平整枝、龙干整枝、一字形水平整枝、H 形整枝；各种架式结构特点，各种整枝方式与整形过程，葡萄修剪技术。

【技能点】能够表述与葡萄整形修剪有关的名词概念；表述葡萄各种架式结构特点；表述葡萄整枝方式与修剪技术。

【复习思考】

1. 简述设施葡萄常用架式与整枝方式。
2. 简述葡萄冬季修剪技术。

任务三　设施促成栽培技术

【知识目标】掌握葡萄设施促成栽培扣棚技术与扣棚后的管理技术；掌握升温时间确定的原则及环境调控指标与调控技术；掌握花果与枝梢管理技术；掌握肥水管理技

术；掌握采果后的管理技术。

【技能目标】 能够正确完成扣棚操作与扣棚后的管理操作；能够正确掌握升温时间与升温后环境调控操作；能够正确完成花果与枝梢管理、肥水管理；能够正确完成采后各项管理操作。

一、扣棚与扣棚后的管理

参照桃树的扣棚与扣棚后的管理。但应注意：没有外覆盖保温材料的单层或多层透光膜的大棚或连栋大棚，一般在升温时扣棚，同时该类型的葡萄冬剪完成后需要埋土防寒。

二、升温与升温后设施内环境条件的调控

（一）升温与打破休眠

升温时间确定的基本原则参照设施桃促成栽培。但由表 5-8 可知，常见葡萄品种的需冷量一般在 1000～1800CU，比桃的需冷量大。因此，在同一地区设施葡萄的升温时间比桃晚些。如河北省东北部、山东省烟台、辽宁省大连等地的日光温室葡萄，一般在 12 月下旬至翌年 1 月上旬升温。如果 12 月中旬前后升温，会因需冷量不足，造成萌芽不整齐，甚至花芽发育不良。在这种情况下，就需要采取化学方法辅助打破休眠，以弥补低温不足。

利用化学药品辅助解除休眠，需要葡萄低温蓄积量达到该品种需冷量的 2/3～3/4 时才能应用，即现有破眠剂不能全部代替低温解除休眠的作用。目前常用药剂有石灰氮和单氰胺。

石灰氮：为粉末状固体物质。一般是调成糊状进行涂芽或经过清水浸泡后取高浓度上清液进行喷施。石灰氮水溶液配制方法是将粉末状药剂置于非铁容器中，加入 5～15 倍的温水（40℃左右），充分搅拌后静置 4～6h，然后取上清液备用。采用涂抹法处理时，时间一般在升温前 20～30d，应注意的是每个结果母枝前端的 1～2 个芽可不涂抹。

表 5-8　葡萄常见设施栽培品种（2 年生）花芽的需冷量（CU）

品种	年度		
	1996	1998	1999
巨峰	1600	1620	1700
先锋	1400	1400	1370
乍娜	1310	1400	1320
里查马特	1820	1700	1700
滕稔	1800	1840	1800
京秀	1060	1100	1100
京亚	1100	1120	1100
玫瑰香	1400	1400	1420
无核早红	1090	1100	1120

单氰胺：目前在葡萄生产中，主要采用经特殊工艺处理后含有 50% 有效成分（H_2CN_2）的稳定单氰胺水溶液——Dormex（多美滋）。单氰胺打破葡萄休眠的有效浓度因处理时期和品种而异，一般情况下是 0.5%～3.0%，喷施时间在升温时。

（二）温湿度调控指标与调整技术

由于葡萄的花蕾分化与发育主要是在萌芽到开花期间完成。升温后温度过高，会加快萌发与新梢的快速生长，但同时也会影响花蕾分化的质量与数量，造成花序小。一般升温后第一周白天最高温度控制在 20～24℃，从第二周到萌芽白天最高温度控制在 25～28℃，萌芽前夜间最低温度要求在 5℃以上；萌芽至开花前，白天最高温度控制在 22～25℃，夜间最低温度控制在 10℃左右；开花期白天最高温度控制在 23～26℃，夜间

最低温度控制在 15℃左右；果实生长期白天最高温度控制在 25～28℃，夜间最低温度控制在 20℃左右；果实着色至成熟期白天最高温度控制在 28～31℃，夜间最低温度控制在 15℃左右。

空气相对湿度，萌芽前要求 80%～90%，萌芽后到果实成熟期 50%～60%。

温湿度调整技术参照单元四。

三、枝梢与花果管理

（一）枝梢管理

1. 下架摧芽　　为促进葡萄花芽萌发，对于可下架集中绑缚的葡萄，在施肥灌水后把葡萄枝蔓集中引缚成束，沿引缚好的葡萄枝蔓设一小拱棚（图 5-32、图 5-33）。这样即可保持葡萄枝蔓处于较高的空气湿度，防止葡萄枝蔓抽条，同时可以提高夜间的温度，促进萌发、提高萌芽率。待葡萄新梢长到 2～5cm 时逐渐撤掉小拱棚膜，把枝蔓引缚上架。应注意小拱棚内不要覆地膜，以防空气湿度过低，发生抽条，降低萌发率。

图 5-32　葡萄下架集中引缚　　　　　图 5-33　扣小拱棚摧芽　

2. 上架引缚抹芽定梢　　下架起拱摧芽的葡萄枝蔓，当新梢长到 2～5cm 时应及时按照架式与整形修剪方式引缚上架，把枝蔓引缚固定好。新梢长 5cm 左右时，即可看出新梢上有无花序及花序的质量，这时可将多余的发育枝、多年生枝干及根干上发出的隐芽枝以及过密、较弱的新梢抹去。同一芽眼中如出现 2～3 个新梢，只需留下一个最健壮的主梢，将后备芽发出的新梢及早抹去。

待新梢长到 15～20cm 时，再进行一次疏枝（定枝）工作，根据架面大小和树势强弱最后确定留梢数量。棚架每平方米架面一般保留 10～15 个新梢；篱架按每间隔 10～15cm 保留一个新梢。

抹芽和疏枝在原则上是保留结果枝，去掉过多的发育枝（一般认为要达到浆果的高质量和保持健壮的树势，结果枝与发育枝的比例以 1∶1～2∶1 为合适）。抹芽与疏枝完成愈早，对节省树体营养愈有利。但对巨峰系品种，适当晚抹芽、定梢较好，可缓和树势，提高坐果率。

3. 除卷须与新梢引缚　　当新梢长到 40cm 左右时，即需引缚在架面上。篱架采用垂直引缚，新梢间距 10～15cm。无论是篱架还是棚架，新梢要分布均匀，以增加叶片的受光量，同时应把卷须全部疏掉。

4. 结果枝花前摘心及副梢处理　结果枝摘心与副梢处理的目的是控制新梢的营养生长，使更多的营养物质运输到幼果中，提高坐果率，防止无籽果的产生，促进幼果的发育。

从增加整体光合产物量、促进光合产物向幼果运输的角度看，摘心应尽可能多的保留成龄叶片，从摘除净同化值为零的幼叶部位为准。据研究，葡萄叶片长到该品种标准叶片大小的 1/3 以上时，净同化量就开始有剩余。但因摘心时间不同，摘心部位应有区别。如花前 2 周摘心，应以摘除嫩尖为准；始花期就应以 1/3 叶片大小位置摘心为准。但实际生产中，为了平衡各枝间的生长势力及各枝间的生长长度，还应灵活掌握。

目前各地葡萄产区的摘心手法各异，归纳起来大致可分为 3 种。

① 果枝摘心后，副梢全部保留，每级副梢均留 1 片叶反复摘心，先端 1~2 个梢留 3~4 片叶反复摘心。

② 果枝摘心后，果穗以下的副梢全部掰除，果穗以上的副梢留 1 片叶反复摘心，先端第一个梢每次留 3~4 片叶反复摘心。

③ 果枝摘心后，保留先端 2 个梢，每次留 3~6 片叶反复摘心，其余副梢全部抹除。

（二）花果管理

1. 疏花序、花序整形　疏花序、花序整形与疏果是调整葡萄产量，达到植株合理负载及提高葡萄品质的关键技术之一。据研究，粉红葡萄要达到良好着色，每克浆果需要 11~14cm^2 叶面积，相当于每个果穗（0.636kg）需 22~26 个叶片。一般认为每生产 500g 葡萄果实需要叶面积 0.4~0.7m^2，在葡萄园叶面积系数为 2~2.5 情况下，葡萄产量应控制在 1500~2000kg/ 亩。

疏花序时间因不同品种的生长势、坐果率及管理水平不同而异。生长势弱、花序多、坐果率高的品种（如维多利亚、香妃、粉红亚都蜜等），原则上应尽早疏除过多的花序，通常在新梢上能明显分辨出花序多少、大小的时候一次完成。对落果严重的品种（如巨峰、玫瑰香、京亚等），应分两次完成。第一次与生长势弱、坐果率高的品种同时进行，但要多预留 20%~30% 的花序，待生理落果完成后（花后 15~20d）与疏果同时进行。

疏花序前首先根据设施类型、品种特点、树龄、树势等确定单位面积产量指标，并根据品种特性、商品果的要求确定平均果穗重量，然后把产量（果穗数）分配到单株或单位面积架面上，再进行疏花序。一般对果穗重 500g 以上的大穗品种，原则上弱结果枝不留花序，中庸和强壮的留一个花序。个别发展空间较大且强旺果枝留 2 个花序。

花序整形是对花序分枝密度、长度，果粒密度等进行调整，使成熟葡萄果穗形成整齐一致的短圆锥形或圆柱形等，同时要求果粒间相互接触但不挤压变形。早期进行疏果可增大果粒、改善果穗内部通透性，有利于病虫害的防治。

花序整形时，首先对大穗、分枝多且坐果率高的品种，花前 1 周左右先掐去全穗长 1/5~1/4 的穗尖，初花期剪去过大过长的副穗和歧肩，然后根据穗重要求，结合花序轴上分枝长度与密度情况，进行修剪调整。如对过长的分枝适度剪短，对密度过大的可采取隔 2 个分枝去 1 个分枝。对坐果率低的品种也要花序整形，先掐去全穗长 1/5~1/4 的穗尖，再剪去副穗和歧肩，坐果后结合疏果再进行调整。

2. 疏果　疏果是在花序整形的基础上进行。首先根据品种特性、管理技术水平，来预期果粒大小和果粒重。其次是根据果穗重量要求，确定每个果穗中果粒数量。通过疏果使果实成熟时果粒间相互接触但不挤压变形。

疏果时间一般在花后2～4周，即果粒达到黄豆粒大小时开始进行。操作时，首先疏除畸形果、有核栽培时的无核小果，然后根据穗形和穗重的要求，选留一定数量大小均匀一致的果粒。

四、肥水管理

（一）施肥量

葡萄所需营养元素由土壤和施肥两个途径提供。土壤供给量：氮占吸收量的1/3，磷、钾为1/2；由于淋失等原因，葡萄植株对肥料利用率：氮为50%，磷为30%，钾为40%。综合国内外资料，葡萄每产100kg浆果，需要增加纯氮1kg、五氧化二磷0.3kg、氧化钾1kg，其比例为10：3：10。以上数据仅仅是葡萄需肥的理论值，而每年实际施肥量，主要考虑肥料种类、土壤肥力、树龄与产量。

根据各地经验，葡萄产量和施有机肥量比为1：1～1：5，即每产1kg浆果，需施有机肥1～5kg。幼树每产1kg果，施有机肥3～4kg；盛果期树，每产1kg果施2～3kg肥。如二年生幼树产果1000kg，应施3000～4000kg粪肥，同时混合施入50kg磷肥；盛果期产2000kg果，施有机肥4000～6000kg，再混合施入100kg过磷酸钙。由于我国多数地区地力差、淋失严重，还应多施基肥，并根据具体情况多次追肥。

（二）基肥施用

基肥一般于秋季8月中下旬至9月中旬施入，施肥方法可采取开沟施、树盘内撒施等。在采用篱架栽培情况下，常采用畦面撒施，然后翻耕耙平，这样做比较省工，但不能解决深层根系的养分吸收及改良下层土壤问题，所以把隔行隔年沟施和树盘内撒施相结合，效果较好。

（三）追肥施用

追肥包括根部追肥和根外追肥（叶面喷肥）。

1. 根部追肥　距根颈40～60cm，挖深10cm的沟或穴施，施肥后灌水。

追肥的施用时期与施肥量（密植篱架栽培）：

第一次：在升温后萌芽前。萌芽后，新梢生长，花序分化，叶片生长都需要大量氮肥，因此应以氮肥为主。每亩可施用尿素50～65kg。

第二次：在幼果膨大期，这时地上枝叶、地下根及果实迅速生长，需要大量营养物质，常发生氮、磷不足。另外，该期后果实开始进入第二速生期，需要大量的钾肥。每亩施用20～30kg三元复合肥＋20～30kg硫酸钾。

第三次：在浆果着色初期，施肥以钾肥为主，可适量追施氮肥。每亩施用20～30kg三元复合肥＋20～30kg硫酸钾。

第四次：在果实采收后，补充营养，恢复树势，以氮磷钾混合肥进行追肥。每亩施用20～30kg三元复合肥。

2. 根外追肥　也称叶面喷肥，省工、见效快、成本低，另外有些叶面喷肥还可结合打药一起进行。根外追肥的原则是生长的中前期以喷施氮肥为主，中后期以喷磷钾肥为主。各肥料喷施的浓度：尿素0.2%～0.3%，磷酸二氢钾0.3%～0.5%，草木灰浸出液3%，硼砂、硫酸锌、硫酸镁等0.1%～0.3%。

（四）灌水

葡萄属于需水量大的树种，为保证葡萄的正常生长与结实，要结合葡萄的需水特点与土壤墒情适时灌水。一般可参考下列几个主要时期进行灌水。

（1）升温后萌芽前　　结合施肥灌水，此次灌水量要大。

（2）花序出现到开花前　　葡萄从萌芽到开花需要 30d 以上的时间，该阶段是葡萄地上新生器官的建造旺盛期，缺水将影响新梢与花序的生长发育。可根据土壤墒情灌水 1～2 次。注意，该阶段不要灌水过勤，灌水量不宜过多，以免影响地温升高。

（3）开花后至浆果着色期　　可根据土壤墒情灌水 2～4 次。采收前 1～3 周一般不浇水。

五、果实采收后的管理

（一）撤膜

目前各地因气候条件不同。设施促成栽培葡萄采收后有些地区采光膜撤掉，有些地区不撤掉。

不撤膜的主要针对于生长季雨水较多的地区。通过膜的避雨作用，可减轻葡萄病害，减少用药数量，但要注意，一定要把上、下通风口全部打开，以防设施内温度过高，造成日烧或影响葡萄的花芽分化。

（二）生长季管理

1. 地上部枝梢管理　　因葡萄的采收期不同，地上部枝梢管理方法不同。6月上旬前采收完成的葡萄需要进行采后枝梢更新修剪，之后成熟的品种不需要进行该修剪，只进行常规管理即可。

采后枝梢更新修剪通常有两种方法。

（1）新梢全部重短截更新法　　浆果采收后，根据不同树形要求将预留作下年结果母枝的新梢留 2 个饱满芽进行重短截，逼迫其基部冬芽萌发新梢，培养为下年的结果母枝。如被重短截部位枝条和芽已经成熟变褐，需要对所留的饱满芽用 10～20 倍石灰氮上清液或葡萄专用破眠剂涂抹以促进其萌发，其余新梢或结果母枝疏除。

全部重短截更新应注意的问题：

① 短截更新越早，短截部位越低，冬芽萌发形成的新梢生长越迅速，花芽分化越好，一般情况下重短截时间最晚不迟于 6 月上旬。

② 重短截更新修剪所形成新梢的结果能力与母枝粗度及品种的成花能力有关。被短截新梢越粗，抽生的新梢生长势越强，成花效果越好。一般要求重短截新梢的剪口直径应在 0.8cm 以上；易成花、成花节位低的品种效果好。

③ 冬芽萌发后，要根据萌发数量与架面的大小对抽生的新梢进行适当调整。当新梢长到 10 片叶时对其进行摘心与副梢处理。一般新梢基部 5 节的副梢疏除，第 6 节以上的副梢采取保留 1 片叶反复摘心，最先端的副梢每次保留 3～4 片叶反复摘心控制。

（2）平茬更新法　　浆果采收后，保留原有枝叶 7～10d，使葡萄体内（尤其是根系）积累一定的营养，然后从距地面 10～30cm 处平茬，促使葡萄母蔓上的隐芽萌发。萌发后选留一健壮新梢培养为翌年的结果母枝。该更新方法适合高密度定植 1 株 1 个长梢修剪结果母枝的水平整形方式。

平茬更新应注意的问题：

① 采用此方法更新的葡萄也应是 6 月上旬以前采收完成。

② 为促进芽的萌发，可对保留枝段上的芽用 10～20 倍石灰氮上清液或葡萄专用破眠剂涂抹或喷涂。

③ 萌芽后每株只保留 1 个强壮新梢，其余全部疏除。尽可能保留下部的梢。

④ 当新梢长到 1.2～1.5m 时，进行摘心与副梢处理。一般新梢基部 5～6 节的副梢疏除，以上的副梢保留 1 片叶反复摘心，最先端的副梢每次保留 3～4 片叶反复摘心控制。

⑤ 利用该方法更新对植株影响较大，树体衰弱快。

6 月上旬以后采收的葡萄，不要进行更新修剪，只进行常规管理。主要是进行多次反复主梢与副梢的摘心处理，控制新梢的旺长，促进花芽的形成。

2. 地下肥水管理　因采收后地上部枝梢管理方法不同，地下肥水管理也不同。

（1）更新修剪葡萄的肥水管理　修剪后到新梢在长到 10～15cm，不要进行土壤施肥。这是因为修剪会使葡萄原有叶量减少了 90% 以上，树体（尤其是根系）处于光合产物严重亏缺状态，故此时土壤施肥有害无益。但需要灌水，使土壤经常保持湿润状态，展叶后可进行叶面喷肥，如喷施 0.2% 尿素或 0.2% 磷酸二氢钾等。新梢长到 15cm 时进行第一次追肥，每亩 5～10kg 尿素，20d 后进行第二次追肥，每亩 10kg 三元复合肥，每次追肥均需灌水。进入 8 月份，每 15d 喷施一次 0.2% 的磷酸二氢钾。

（2）常规管理葡萄肥水管理　在不影响葡萄叶片光合作用的前提下，要适度控制肥水，以防因肥水过多，地上部枝叶旺长，造成树体结构混乱，结果母枝粗度过粗，基部冬芽成花率降低。追肥应以叶面喷肥为主，中前期以氮肥为主，防止叶片过早老化，后期以磷钾肥为主。水分管理要根据树势、土壤墒情而定，见干见湿。

【知识点】设施葡萄扣棚与扣棚后的管理，升温与升温后温度、湿度调控指标，升温后的花果管理、枝梢管理、肥水管理及采后管理。

【技能点】能够表述扣棚、升温、采后修剪等名词概念；表述葡萄设施促成栽培扣棚时间确定的原则与扣棚后的管理技术、升温时间确定的原则与升温后各项管理技术、采果后生长季管理技术。

【复习思考】

1. 如何确定葡萄设施促成栽培的扣棚时间？扣棚后如何管理？

2. 如何利用药剂提早解除葡萄的休眠？

3. 如何确定葡萄设施促成栽培的升温时间？

4. 简述设施葡萄升温后的温湿度管理指标。

5. 简述设施葡萄的花果管理技术、枝梢管理技术与肥水管理技术。

6. 简述设施促成栽培葡萄采果后的生长季管理技术。

单元六 杏树设施促成栽培

【教学目标】掌握杏的种类与品种；掌握杏的生长结实习性及对环境的要求；掌握杏树设施促成栽培建园的基本知识与技能；掌握设施促成栽培杏树的整形修剪技术；掌握杏树设施促成栽培技术。

【重点难点】杏树生长结实习性；设施促成栽培杏树的整形修剪技术；杏树设施促成栽培技术。

项目一　种类与品种

任务　种类与常见品种认知

【知识目标】了解杏的种类；掌握常见杏品种的特性。

【技能目标】能够掌握常见杏树品种特点，指导生产中种植品种的选择。

一、种类

杏属蔷薇科（Rosaceae），杏属（*Prunus* Linn.＝*Armeniaca* Mill.），在我国主要种类有杏、辽杏、西伯利亚杏及其变种和自然杂交种。

1. 杏（*P. armeniaca* Linn.＝*A. vulgaris* Lam.）　原产于亚洲西部及我国华北、西北地区，我国北纬44°以南地区广泛栽培。目前世界各国所栽培的品种绝大部分属于本种。

本种为乔木，树高可达10m左右，树冠开张，呈圆头形。幼枝光滑无毛，新梢呈红褐色或暗紫红色；树皮具不规则裂纹，呈褐黑色。叶片大，卵圆形，先端渐尖，基部圆形或亚心脏形；叶色深绿，光滑无毛，背面少有茸毛或无茸毛；叶柄红褐色。花单生，直径2~3cm，白色或淡红色，柄短。果实有圆形、扁形以及长圆形；果皮具短茸毛。一般品种果实重为30~70g，果面成熟后橙黄色，阳面红色；少数成熟后为绿白色。果肉有淡黄、橙黄、橙红等颜色；果实汁液多，味甜酸，有离核、半离核及黏核之分，核面光滑，边缘有沟纹。核仁苦或甜。

2. 辽杏（*A. mandschurica*（Maxim.）Skvoraz＝*P. mandschurica* Kochne）　我国东北部及朝鲜中部、北部均有分布。本种抗寒性强，可作抗寒砧木及抗寒育种的原始材料。

本种为乔木，枝条生长较直立。小枝无毛，树干具有一层厚而软的木栓层。叶片大，呈圆形或长卵形，先端尖，基部圆形或阔楔形；叶缘锯齿细而深，为重锯齿。叶呈暗绿色，幼叶有稀疏茸毛，老叶无毛。花淡红色，单生，其大小介于西伯得亚杏和普通杏之间。果实小，圆形，黄色，果面有红晕或红点，果肉薄，味苦，不堪食用。离核，核小，长圆形，核面粗糙，边缘钝。

本种在东北中部有两个变种。

（1）心叶杏（*A. mandschurica* var. *subcordata* Skv.）　叶呈阔卵圆形，先端突尖，基部心脏形。果实小，圆形、长圆形至梨形。直径约1.4cm；果皮黄色。核色较辽杏深，核面光滑。

（2）尖核杏（*A. mandschurica* var. *domestica* Skv.）　叶先端渐尖，基部楔形。果柄长 0.5~0.7cm；果实黄色，直径约 2cm。核光滑，先端尖，基部平，腹侧沟纹明显。

3. 西伯利亚杏（*A. sibirica*（L.）Liam.＝*P.sibirica* Linn.）　别名蒙古杏、小苦核。我国东北、河北、山西的西部和内蒙古、新疆以及苏联西伯利亚地区均有分布。

本种为小乔木或丛状灌木，树矮小，高达 3m。叶较小，圆形或卵圆形，先端渐尖；叶缘锯齿细而钝，成叶无毛，而主脉上有毛。花较小，呈粉红色。果实圆形，个小，仅5~7g；果肉薄而韧，味苦，无食用价值。离核，核面光滑，核仁味苦。果实成熟后，果肉水分消失，可自行裂开露出果核。

本种抗旱、抗寒，耐−35℃以下低温。河北的涞水、密云、涿鹿一带广泛用作杏的砧木，是抗寒育种的原始材料。

二、常见鲜食品种

1. 骆驼黄杏　原产于北京市门头沟，是极早熟的鲜食杏品种。

果实圆形，平均单果重 49.5g，最大单果重 78.0g。果实缝合线显著，中深，片肉对称，果顶平，微凹，梗洼深广。果皮底色黄绿，阳面着红色。果肉橙黄色，肉质较细软，汁中多，味甜酸；黏核，仁甜。

树姿半开张，树势强。栽后两年即能开花结果，丰产，连续结果能力强，以短果枝结果为主，采前落果轻，自花不结实。

2. 金星　河北农业大学从串枝红杏的自然授粉实生后代中选育的特早熟杏新品种。

果实圆形，平均单果重 33.1g，最大单果重 65.0g。果皮橙黄，果肉橙红色，肉质细，纤维少，柔软多汁，风味甜酸适口，香气浓郁。可溶性固形物含量 16.5%，离核，苦仁，品质上等，果实发育期 60d。

树势强，树姿半开张，坐果率高。嫁接苗第二年即可结果，丰产性好。

3. 秦杏 1 号　陕西省果树研究所选育。

果实近圆形，平均单果重 85g，最大单果重 120g。缝合线较深，片肉不对称。果皮绿黄色，阳面着红色，外观鲜艳。果肉浅黄色，肉质硬韧，汁液少，味酸甜，可溶性固形物含量 13.8%。离核，甜仁。果实极耐储运，果实发育期 60d。

该种抗逆性强，抗霜冻，耐干旱，成熟期遇雨不裂果。抗病性亦强，其植株未见有细菌性穿孔病、杏疔病和黑星病等病害发生。

4. 试管红光 1 号　原名试管红光，是山东省果树研究所用红荷包杏和二花槽杏杂交胚培育成。

果实椭圆形，平均单果重 67.3g，最大单果重 90.0g。果顶尖，缝合线中深。果皮黄色，着深红色晕。果肉黄色，肉质细，汁多，甜酸适口，有香气；可溶性固形物含量15.8%。离核，仁苦。果实发育期 60d。

该品种花期抗霜冻能力强，抗逆性较强，品质优良，丰产稳产。

5. 金太阳　从欧洲引进的特早熟甜杏新品种。

果个中等大，单果重 60g 左右，最大果重 100g，果实金黄色，阳面有红晕，似金色的太阳一样美丽。金太阳杏是近年来从国外引进最为成功杏品种之一。主要表现为：

①特早熟。在山东泰安 5 月 25 日成熟，比凯特杏早约 20d，比麦黄杏早熟 1 个月，为杏中最早熟的品种。②品质优良，味浓甜，可溶性固形物含量 15%。③结果早，丰产性极强。长、中、短果枝均可结果，栽后第二年单株最多结果达 66 个，重量近 4kg，第三年亩产 506kg，第四年亩产 2500～3000kg。④稳产适应性强，最大特点是抗晚霜危害。欧洲生态型品种，1999 年花期遇－5℃低温仍照常丰产，从而克服了国内杏生产"十年九不收"的问题。

树势中庸，树姿平展开张，因结果多，枝易下垂，自花坐果率高，是目前设施栽培主要品种之一。

6. 凯特杏　　原名 Katy，美国品种，1991 年山东果树研究所从美国加利福尼亚大学引进。

果实近圆形，特大，平均单果重 73g，最大单果重 130g，果顶平，缝合线明显中深，片肉不对称，梗洼中深。果皮橙黄色，皮中厚，不易剥离，完全成熟时果肉橙黄色，硬溶质，肉质细嫩，汁液中多，风味酸甜爽口，有香气，品质上等。可溶性固形物含量 12.7%；果核小，离核；耐储运，常温可贮藏 5d。果实发育期为 60d。

树势强健，树姿直立。定植一年生速生苗，当年即可形成花芽，第二年开花株率约达 100%。坐果率高，极丰产，喜肥水，是目前设施栽培主要品种之一。

7. 金香　　中国农业科学院郑州果树研究所于 1994 年在河南省郑州市发现的农家品种，品种代号 98-8。

果实近圆形，平均单果重 100g，最大单果重 180g。果顶平，缝合线显著浅，片肉对称。果皮底色橙黄，阳面有红晕，果面光滑无毛，美观。果肉金色，肉质细软，纤维少，汁多，香甜味浓。可溶性固形物含量 13.2%。离核，仁甜。果实发育期 65d。

树势强，树姿半开张，以短果枝和花束状果枝结果为主。该品种抗寒、抗病、抗旱性强。果实极大，风味浓甜芳香，品质上等，仁甜，丰产稳产。

8. 龙垦 1 号　　原产于黑龙江少宝清县。1985 年，经黑龙江省农作物品种审定委员会审定并命名。

果实圆形，平均单果重 30g，大果重 45g。果顶平，缝合线浅而广，明显，片肉对称。梗洼深，中广。果皮黄色，阳面着红色，果皮薄。果肉橙黄色，肉质松软，纤维细而少，汁中多，味甜酸，有香气。离核，仁苦。果实发育期 65d。

树冠圆头形，树姿半开张，树势强。以短果枝和花束状果枝结果为主。

该品种抗寒性极强，抗病、抗旱性强。成熟早，耐运输。

9. 麦黄杏　　河北省地方优良品种，各地均有零星栽培，但同名异物现象较严重，纯系不多，冀东地区栽培面积较大。

果实近圆形，果顶圆平。单果重 70g，最大果重 147g。缝合线浅，两半部对称，茸毛少。底色金黄，30% 着鲜红色晕，果皮能剥离。果肉橙黄色，肉质软，多汁，纤维粗；味酸甜，香气浓，无涩味；品质上等，半离核。果实发育期 65d。

树势中庸，树姿直立，成龄树开张。因坐果率高，生产中应严格疏果，以增大果个并保证连年丰产。

该品种抗病性强，适应性广，耐旱，耐瘠薄，抗晚霜性较强，是综合性状优良的早熟杏品种。

10. 早香白   别名真核香白，河北省遵化市林业局选出的杏鲜食优良品种，是冀东地区杏的主要栽培品种。曾获河北省首届杏品种鉴评第一名，已推广到北京、天津、河北、山东、山西等省市。

果个大，平均单果重 60g，最大单果重 152g。果皮薄，米色浅黄白色，具有红晕。果肉黄白色，肉质细腻，纤维少，汁多味甜，香气浓郁，含可溶性固形物 10%～30%，含酸量 1.35%，酸甜适口，品质极佳，甜仁，离核。4 月中旬盛花期，果实 6 月下旬成熟。

适应性强，耐旱，耐瘠薄，抗风，但个别年份有裂果现象。

11. 张公园   原产于陕西省三原。

果实扁卵圆形，平均单果重 8g，最大单果重 150g。果顶平，微凹。缝合线浅而广，片肉不对称。梗洼深而广，圆形。果皮橙黄色，阳面着鲜红色，果皮中厚，难剥离。果肉橙黄色，肉质硬脆，纤维细而少，汁中多，味甜。半离核，仁甜，品质上等。

树冠圆锥形，树姿半开张。以短果枝和花束状果枝结果为主。该品种抗寒、抗旱，适应性强，极丰产且稳产。果实外观鲜艳，果个大，耐储运。

【知识点】常见杏的种类与品种。

【技能点】表述不同种类杏特点，表述常见杏品种特点。

【复习思考】

1. 杏常见种有哪些？各有何特点？

2. 常见杏树品种有哪些？各有何特点？

项目二   生物学特性

任务一   生长习性认知

【知识目标】掌握杏树根、芽、枝类型与生长习性；掌握杏树花芽分化规律与性细胞形成规律。

【技能目标】能够对杏树根、芽、枝条类型正确识别；能够根据杏根、枝、芽生长习性进行生长调控。

一、树性

杏为高大落叶乔木，树高可达 10m 以上，在核果类中具有结果早、寿命长的特点。一般情况下，寿命可达 100 年以上。杏树在定植后 3～4 年就可以结果，6～7 年生进入盛果期，经济寿命可达 20 年左右。

二、根系

以杏作为砧木，杏树根系强大，在核果类中属于较深根性树种。西北农学院在陕西调查山崖边上的 40 年生广杏，以 18 年生秦冠苹果为对照，杏水平根达 12.6m，垂直根深达 7.4m，根冠比为 5.07；而苹果根冠比仅为 1.17。

杏树根系分布，受土壤条件及栽培技术的影响很大。即同一品种在不同土壤管理条件下，其根系分布的情况也有很大差异（表6-1）。

应注意：近些年来，在冀东地区，苗木生产者在培育杏树速生苗时，广泛采用毛桃作砧木。以毛桃作砧木培育杏速生苗木，出苗率高、一级苗木率高。但就毛桃自身看，其根系分布浅、抗性也不如杏砧强，寿命较杏短。

表6-1 梯田与山坡上表皮杏（22年生）根系生长情况

项目 地点	垂直根最大 深度（m）	水平根最远 长度（m）	地下部湿重 （kg）
梯田上	5.80	7.60	14.8
山坡上	1.25	2.85	5.2

三、芽枝类型与特点

（一）芽

杏树芽按其性质分为花芽和叶芽。花芽为纯花芽，每个花芽中包含1朵花，着生在各类结果枝的叶腋间（侧生）。叶芽既可着生于各类枝的叶腋间，也可着生于各类枝的顶端，顶芽一定是叶芽。

按每个节上着生芽体数量可分为单芽和复芽。单芽既可以是花芽，也可以是叶芽。单生花芽往往着生于结果枝的上部，坐果率较低。三芽并生时，两旁是花芽，中间是叶芽，这种排列的复芽坐果率高。复花芽的多少与品种、结果枝类型及营养条件有关。山东农学院调查，大峪杏以双芽为主，果枝上部多单花芽，中下部多复芽。在同一品种中，叶腋间并生芽的数目与枝条的长度有关，枝条越长，并生芽的数目也越多，个别情况会出现4个芽。

杏的潜伏芽寿命长而多，树体易于更新。

杏芽具有早熟性，当年芽形成后，条件适宜时即可萌发。但与桃相比，芽的早熟性较差。

（二）枝

1. 枝的类型 根据枝条的性质可分为营养枝和结果枝。

营养枝一般指当年生强壮新梢，生长较健壮，组织充实，枝上的芽多数为叶芽。其作用是营养树体，扩大树冠，用于培养各级骨干枝及中大型枝组。

图6-1 杏果枝类型

杏树的结果枝可分为长果枝（长于30cm）、中果枝（15～30cm）、短果枝（5～15cm）及花束状果枝（短于5cm）（图6-1）。多数杏树品种以短果枝和花束状果枝结果为主，中、长果枝坐果率低，尤其是盛果期树。短果枝与花束状果枝在营养充足、受光好及疏果条件下可维持4～6年的结果能力，但在不疏果的情况下可能只结果1～2年就死亡。不同结果枝结果能力的差异与其上花芽分化的质量及营养状况有关。

2. 新梢生长特点 杏树新梢生长势次于桃树，在幼树期生长较快，一年内可以生长1m以上，随着树龄的增加，生长势逐渐减慢，一般一年的生长量在30～60cm。在整个生长期中，强壮发育枝有2～3个生长高峰，短枝只有一个春季生长高峰，且生长期短。

杏树芽的早熟性不如桃，尤其在土壤条件较差的园中，多不能抽生二次枝。

杏树的萌芽力及成枝力较桃低，所以杏树的枝量较桃树少。但杏树的潜伏芽寿命比桃树长，故杏树的寿命及经济寿命较桃长。

四、花芽分化

杏树花芽分化规律与桃树基本相同。刘桂森对山杏花芽解剖观察表明：5月30日至7月5日处于未分化期，7月12日进入形态分化初期，生长点明显突起；7月19日萼片原始体形成，并开始进入花瓣形成期，此后紧接着进入雄蕊分化期，到8月2日雄蕊原基完全形成，8月9日雌蕊原基形成，并很快发育成柱头、花柱和子房；8月9日至9月27日间，解剖形态未见变化。

花粉与胚珠、胚囊的形成在第二年春季开花前。

【知识点】杏树根、芽、枝类型与发育规律，杏花芽分化规律与性细胞形成规律。

【技能点】能够表述杏树根、芽、枝类型与发育规律；表述杏花芽分化规律与性细胞形成规律。

【复习思考】

1. 杏树根系分布与生长有何特点？
2. 杏树枝芽类型有哪些？杏树主要结果枝类型是哪些？
3. 简述杏树花芽形态分化及性细胞形成进程。

任务二　结实习性认知

【知识目标】掌握杏花器构造与开花特点；掌握杏授粉特点及影响授粉的因素；掌握杏果实发育规律及落花落果规律。

【技能目标】能够根据杏开花与授粉特点，指导并完成授粉操作过程；根据杏树落花落果规律与原因，能够提出并实施各项提高坐果率的技术措施；根据杏果实发育规律，能够提出并实施各项促进果实发育的技术措施。

一、花器构造与开花特点

杏花朵构造与桃等核果类相同，由花柄、花托、萼片、花瓣、雄蕊和雌蕊构成，每个花芽中包含1朵花。杏花有4种类型：①雌蕊长于雄蕊；②雌雄蕊等长；③雌蕊短于雄蕊；④雌蕊退化。前两种属于正常花，第三种有授粉的可能性，而雌蕊退化花由于发育不全，不能受精结实。另外，杏树休眠期较短，春季对温度敏感，杏树萌芽开花较早，仅次于山桃。因此，春季极易受到霜害。这是有些地区露地栽培杏树出现多年连续低产或无产的主要原因。

二、授粉与坐果

杏的大多数品种自花授粉坐果率很低，栽植单一品种，产量没有保证。即使是自花授粉坐果率较高的品种，在配置授粉树后，亦会大大提高坐果率。

影响杏授粉受精的因素：首先是树体的营养状况。其次是花期的气候条件，花期多雨或空气湿度过大，影响花粉的释放与传粉，同时导致花粉粒的破裂；空气过于干燥，相对湿度低于20%时，柱头上的分泌液枯竭，柱头干缩，则花粉的发芽率显著降低，进而影响坐果。因此在李树生产中，要采取措施，避开一切不利因素，创造良好的授粉受精条件，使其授粉受精良好，从而提高产量。

露地栽培杏树坐果率年份间差异较大。年份间坐果率的差异主要由于不同年份间的气象因素。由于杏树在北方果树中开花最早，易受到早春倒春寒的影响，造成减产甚至绝收。

据调查，在秦皇岛地区杏座果率低的品种有张公园、骆驼黄，自然坐果率分别为8.56%、5.56%；坐果率高的品种有凯特、金太阳，坐果率分别是34.68%、44.74%。不同品种间坐果率的差异，主要受品种间雌蕊败育率的影响。张公园、骆驼黄雌蕊败育率分别是67.35%、75.34%；凯特、金太阳雌蕊败育率分别是37.27%、11.81%（表6-2）。同一品种不同类型结果枝雌蕊败育率、坐果率差异较大（表6-3）。多数品种短果枝和花束状果枝雌蕊败育率低，坐果率高。实际生产中，应注意这两类结果枝的培养。

表6-2 不同类型结果枝雌蕊败育率

结果枝类型	金太阳（%）	凯特（%）	张公园（%）	骆驼黄（%）
长果枝	12.86	44.19	79.71	91.35
中果枝	11.86	38.46	63.09	73.44
短果枝	10.71	29.17	59.26	61.22
平均值	11.81	37.27	67.35	75.34

表6-3 不同类型结果枝坐果率

品种	短果枝（%）	中果枝（%）	长果枝（%）	平均值（%）
张公园	12.5	9.93	6.12	8.56
骆驼黄	8.16	7.81	2.91	5.56
凯特	43.75	35.9	29.07	34.68
金太阳	57.14	42.59	41.43	44.74

三、落花落果

杏开花后第2~3天，雌蕊败育花整个花朵集中脱落。正常花的生理落果在花后1个月左右（硬核期）结束。由于品种不同，落花落果规律也有所不同。坐果率高的品种，如金太阳、凯特，表现为一个落果高峰（图6-2），盛花后8~10d达到落果高峰，以后落果逐渐减少，1个月后硬核期落果结束。坐果率低的品种，如张公园、骆驼黄，表现为两个落果高峰（图6-3），分别在花后10d和20d左右。

四、果实发育

杏的果实发育规律与桃相同，属于双S形曲线。整个发育过程分为3个阶段：果实第一速生期、缓慢生长期（硬核期）及第二速生期。但极早熟、早熟杏果实发育第二阶

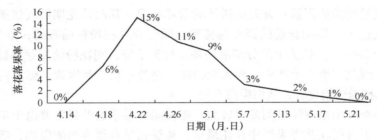

图 6-2 金太阳落花落果规律

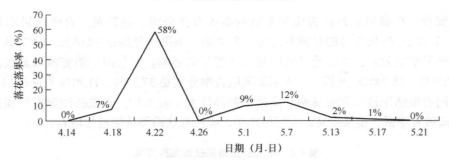

图 6-3 张公园落花落果规律

段过短，没有表现出明显的缓慢生长阶段，果实生长曲线近似直线型（图 6-4）；中晚熟品种第二阶段表现明显（图 6-5）。

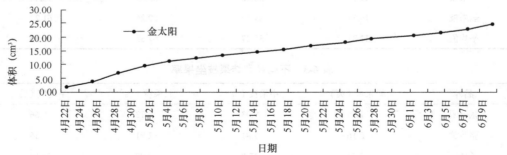

图 6-4 金太阳果实发育规律

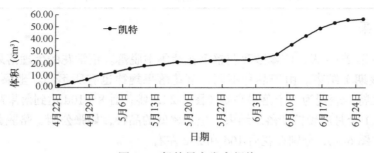

图 6-5 凯特果实发育规律

【知识点】杏花器构造与开花特点，授粉特点，落花落果原因与规律，果实发育规律。
【技能点】表述与杏结实习性有关名词概念；表述杏开花授粉特点、落花落果规律与果实发育规律。

【复习思考】

1. 简述杏花器构造与开花特点。
2. 杏树授粉、受精有何特点?
3. 简述杏落花落果原因与规律。
4. 简述杏果实发育规律与生长原因。

任务三 生长环境认知

【知识目标】掌握影响杏生长结果的主要环境因素;掌握杏对不同环境因素的要求。
【技能目标】能够根据杏对不同环境的要求,指导设施生产中环境的调控与建园。

一、温度

休眠期杏对低温的抵抗较强,在 $-30℃$ 或更低的情况下杏树仍能安全越冬。但在花芽萌动或开花期,花器抗低温的能力弱,此时如遇 $-3\sim-2℃$ 的气温,花器就会遭受冻害,对当年产量影响较大。杏树也能耐较高的温度,如新疆哈密,夏季平均最高温度为 $36.3℃$,绝对最高温达 $43.9℃$,杏树仍能正常生长,且果实含糖量很高。

二、水分

杏树因根系强大,深入土层,尤其是仁、干用品种很耐干旱。但在枝条急速生长时期和果实发育时期,土壤缺水,会影响树势和果实产量、质量。

总的来说,杏树喜欢土壤湿度适中和干燥的空气条件。土壤水分过多或空气湿度大,会导致病虫害严重,果实着色差,品质下降。在果实发育期和成熟期,如遇阴雨连绵天气,则易引起落果或裂果。杏树不耐水涝,如果地面积水较久,轻则引起早期落叶,重则引起烂根和全株死亡。

三、光照

杏树为喜光树种,在光照充足的条件下生长结果良好,果实含糖量增高,果面着色好。反之在阴雨较多或因修剪不当而使光照不充足的情况下,则枝条易徒长,病虫害严重,果实着色差,品质下降,且退化花增加。据调查,在松林遮光的条件下生长的普通杏实生树,其退化花数达到 43.6%,而在日照良好的开阔地上,其退化花仅 14.7%。

四、土壤

以杏作为砧木的杏树,对土壤、地势的选择不严。在黏土、沙土、沙砾土、盐碱土甚至在岩石缝中均能生长。但是为了保证产量和品质,要尽可能选择和创造排水良好、较肥沃的壤土或沙壤土、砾质壤土。此外,杏树的耐盐力较苹果、桃强,因而可以在较轻的盐碱地大量发展。在地势方面,最好选择背风的半阴坡。据河北农业大学在天津蓟县调查,阳坡土壤含水量较低,果实小。

应注意的是,近些年来,在冀东地区,有些苗木生产者为了提高出苗率,提高速生苗的级别，采用毛桃作为杏的砧木。该类型砧木的杏树对环境的要求应与桃相似，尤其是对水分和土壤的要求。

【知识点】影响杏生长结实的主要环境因素，如温度、水分、光照、土壤。
【技能点】表述影响杏生长结实的主要环境因素及其作用。
【复习思考】
简述杏树对温度、水分、光照、土壤要求。

项目三　设施促成栽培

任务一　建园与栽植

【知识目标】掌握杏建园中园地、设施类型及品种的选择；掌握杏树栽植技术。
【技能目标】能够根据栽植地区优势环境正确选择栽培设施类型与品种；能够正确完成杏的栽植操作。

一、园地选择

杏、桃均属于核果类，并且以杏作为砧木的杏树对土壤的适应性强于桃砧。园地的选择可参考设施桃。

二、设施类型与品种的选择

主栽品种与设施类型的选择，可参考设施桃。除此以外，杏大多数品种自花结实率较低，在设施内进行高密植栽培时，应注意配置授粉树（表6-4）。在同一设施内种植2个或2个以上的品种，一方面可提高坐果率，增加产量；另一方面，可延长果实的采收期和供应期。

授粉树的配置方式，宜采用隔行栽植，即每栽植2~3行主栽品种，栽植1~2行授粉树。采用隔行栽植，便于管理。授粉树的比例一般为20%~30%。

目前设施杏生产中种植最多的品种是金太阳和凯特。

表6-4　杏主栽品种与适宜授粉品种

主栽品种	授粉品种
金太阳	红荷包、凯特
骆驼黄	串枝红、山黄杏、金太阳
凯特杏	金太阳、串枝红、骆驼黄、山黄杏
麦黄杏	银白杏、金太阳、黄干枝
串枝红	骆驼黄、红玉杏、山黄杏

三、栽植

多数杏树品种以短果枝和花束状果枝结果为主。1~2年生幼树生长势强，短枝少。同时杏萌芽力与成枝力较桃树弱，前期枝量少。需3~4年才能进入盛果期。另外，为了保证下一年的产量，设施杏树果实采收后不能按照桃树的采后修剪方法（极重回缩、短截）进行，应维持果实发育期间形成的短梢正常生长与成花。因此，设施杏树栽植密度比桃稀，一般株行距为（1.5~2）m×（2~4）m，每亩栽植83~222株。

栽植前的土壤改良、苗木的选择与处理、栽植技术可参照桃树进行。

【知识点】园地的选择与规划，设施类型与种植品种的选择，授粉树的配置、苗木标准、栽植密度与深度、栽后管理等栽植技术。

【技能点】表述杏种植品种与设施类型的选择；表述与杏树栽植及栽植后管理相关的技术操作过程。

【复习思考】

1. 简述杏树设施促成栽培园区园地选择时应注意的问题。

2. 为充分利用当地优势资源，提高设施促成栽培杏树的经济效益，在设施类型与品种选择时应注意哪些问题？

3. 简述设施杏树的栽植技术。

任务二 整形修剪

【知识目标】掌握设施杏促成栽培常用树形与整形技术；掌握设施杏不同年龄时期树的修剪技术

【技能目标】能够完成设施杏促成栽培各种树形的整形操作；能够完成设施杏不同年龄时期树的修剪操作。

一、常用树形与整形过程

（一）常用树形

1. 纺锤形 纺锤形是目前采用较多的适宜密植栽培的丰产树形之一。其结构简单、骨干枝级次少，树冠紧凑，成形快，修剪量轻，丰产，管理方便。

干高 50～70cm，中心干直立健壮，其上着生 7～15 个近水平的小主枝，小主枝上无侧枝，直接着生中小结果枝组；小主枝在中心干上螺旋式排列，间隔 15～25cm，插空错落着生，均匀伸向四周，无明显层次。树高 1.5～3.0m，冠径 2.0～2.5m。小主枝粗度为中心干粗度的 1/3 以下（图 6-6、图 6-7、图 6-8）。

图 6-6 杏纺锤形树体结构

图 6-7 纺锤形 1

图 6-8 纺锤形 2

2. 多主枝自然开心形 该树形结构简单，成形快，通风透光，结构紧凑，整形修

图 6-9 杏多主枝自然开心形

剪技术简单易掌握。

多主枝自然开心形干高 30～50cm，主干上有 3～4 个单轴延伸的主枝。主枝上不着生侧枝，直接着生大、中、小型结果枝组。主枝开张角度 40°～50°，树高 1.5～3.0m（图 6-9）。

（二）整形过程

1. 纺锤形整形过程

（1）第一年　　苗木定植后保留 70～80cm 定干。萌芽后定干剪口下 20cm 内的芽保留，以下的芽全部抹除。新梢长到 50cm 时，选一直立生长的新梢作为中心领导干延长梢，保留 40cm 进行剪截，其余新梢选 3～4 个生长势强，均匀分布于中心干四周进行拿枝，使其角度保持在 50°～70°。通过对中心领导干延长梢的剪截，可使延长梢抽生二次梢，以加快幼树的整形过程。

对于定干后只抽生 2～3 个新梢的，当新梢长到 30～40cm 时，选一直立生长新梢保留 15～20cm 剪截，其余新梢保留 10～15cm 剪截，使其促生更多新梢，培养下层小主枝。

（2）冬剪　　在中心领导干先端选一直立生长枝作为延长枝，保留 50～60cm 短截；下部强壮枝条，按 15～20cm 间距选留一个，均匀分布于中心干的四周，长放。疏除过于粗旺枝条。

（3）第二年　　春季萌芽期，对保留下的长放枝进行拉枝，拉枝角度 80°～90°。生长季，拉枝后的长放枝上可抽生较多新梢，首先选长放枝前端抽生的新梢作为小主枝的延长梢，扩大树冠。延长梢下部的第二、三芽抽生的竞争梢及背上抽生的强壮新梢要通过摘心、扭梢方法加以控制，培养成枝组。中心领导干延长梢长到 50～60cm 时，保留 40cm 进行剪截，促发二次梢，培养小主枝，同时对中心领导干延长梢下部抽生的新梢保留 3～4 个拿枝或拉平。

（4）冬剪　　在中心领导干先端选一生长势中庸的枝条作为领导干的延长枝，保留 60cm 短截；下部抽生的一年生枝，仍按 15～20cm 间距选留一个均匀分布于中心干四周，长放；对二年生下层小主枝，选一中庸枝条作为延长枝，疏除过于强旺的发育枝，其余枝条长放。

（5）第三年　　生长季管理按上年方法进行。

通过第三年生长季对中心领导干延长梢的两次剪截，至秋季幼树高度已达到 2m 以上，小主枝数量已达 10 个以上，基本完成整形任务。

2. 多主枝自然开心形整形过程

（1）第一年　　苗木栽植后于 40～50cm 处剪截定干。萌芽后选留 3～4 个分布均匀、生长健壮、角度适宜的新梢作为主枝培养。6 月下旬前如新梢能长到 60cm 以上，保留 60cm 进行摘心或剪梢，促发二次梢，培养结果枝组；60cm 以下的任其自然生长。

对于定干后只抽生 1～2 个新梢的，当新梢长到 30cm 时，每个梢保留 10～15cm 剪截，诱发更多新梢。

（2）冬剪　　生长季进行摘心或剪梢处理的树，每个主枝前端选一生长健壮的一年生枝作为延长枝，保留 60cm 进行短截，延长枝下部的第二、三芽枝如果生长势强，与延长枝形成竞争，要疏除，如生长中庸，同其他枝条一样全部长放。生长季没有进行摘心或剪梢处理的树，每个主枝保留 60～70cm 剪截，剪口选用外芽或侧芽。疏除竞争枝、徒长枝，其余枝条长放。

（3）第二年　萌芽后在剪口下长出的新梢选向外斜生健壮新梢作为主枝延长枝，剪口下其他强壮新梢可通过摘心增加中长枝量，其他中庸新梢自然生长。在整个生长季节中，对强壮新梢进行 1～2 次摘心，控制旺长，防止与延长枝竞争。

（4）冬剪　如果主枝长度未达到成形树主枝长度的 2/3，仍保留 60cm 进行短截，增加分枝数量。如果达长度要求的 2/3，进行长放。缓和树势，促进结果枝和枝组的形成。其余枝条，疏除竞争枝、强旺枝后，全部长放。

第三、四年生长季利用摘心、剪枝等方法控制强旺梢、竞争枝的形成。冬剪时，主枝延长枝的修剪采用年份间的长放与回缩，缓和树势，提高下部枝的生长势。在疏除强旺枝、直立强枝、竞争枝的基础上，其他枝条全面长放。对长放后形成的长型枝组，根据发展空间与生长势不同分别采取延长枝长放或回缩。没有发展空间或长势弱的枝组，回缩到二年生部位；有发展空间且生长势强的枝组，继续长放。

二、不同年龄时期杏树的修剪

1. 幼树期树的修剪　修剪的主要任务是根据不同树形发展的需要，通过短截增加长枝数量，为骨干枝的形成奠定基础。杏与桃相比，萌芽率、成枝率均低，适度增加中长枝的短截，增加长枝数量，有利于快速培养骨干枝与各类枝组。生长季通过摘心、剪梢、拿枝等技术控制竞争枝的形成，增加分枝数量，缓和树势，促进结果枝的形成。

2. 结果初期树的修剪　冬剪主要采用疏枝、长放和回缩的技术手法。疏除竞争枝、强旺直立枝，其余枝条全部长放，以快速增加短果枝和花束状果枝的数量。杏树的枝组，多为长筒型枝组，是通过对发育枝和中长果枝的长放形成。进入结果初期后，前期长放形成的中小枝组因多次结果开始衰弱，可保留 2～4 个短果枝或花束状果枝进行回缩；对没有发展空间的强枝组也应回缩到 2 年生枝段上，有发展空间的继续长放。

此期夏季修剪比冬剪更重要，如果生长期通过抹芽、疏枝、摘心、剪梢等方法及时控制了竞争枝、强旺枝及过密枝的形成，冬剪时主要是回缩复壮衰弱的小枝组。

3. 盛果期树的修剪　杏树 4～5 年生以后进入盛果期。修剪的任务主要是维持合理的树体结构，改善树体的受光条件，调整更新结果枝组，延长盛果期的年限。

对生长势仍较强的杏树，如有空间发展可以继续全面采用长放法，以缓和树势，促进短果枝及花束状果枝的形成。但应注意拉枝开角，对外围大枝过多，内部枝组生长势转弱，光线较差的树除拉枝开角外，还应适当疏除外围部分大枝，通过疏枝可以减少外围枝量，引光入膛，并通过剪口起到抑前促后，复壮内膛枝组的作用。对无空间发展的壮树，采取延长枝年份间的长放与回缩，稳定树势和减缓树体的发展。

已结果多年的树，因果实重力作用多表现主枝开张甚至下弯，骨干枝背上开始抽生徒长枝，内膛结果枝组因多年结果生长变弱，部分小型枝组开始死亡。因此，修剪时首先要疏间、回缩部分大枝，减少大枝量，对保留下来的大枝如前部枝量大，也可以疏间；对主枝头下弯，前部生长势衰弱的主枝，可在中上部背上选一个生长势较强，角度较合适的枝条进行回缩换头。

枝组的复壮及更新，可以采用放缩更新复壮法和以新代旧更新法。在对过密枝组疏弱留强，去老留新的基础上，要有计划地、分批分期地进行回缩更新复壮，控其密度和长度。在具体回缩时应据不同枝组的生长势强弱逐年进行。通过轮流回缩可使大多数枝组保持壮龄结果期（2～4年生）。回缩时要据其生长强弱，有长有短，上下穿插开。回缩部位一般选在后部有分枝处。

【知识点】纺锤形，多主枝自然开心形；杏常用树形与整形过程，不同年龄时期杏树的修剪技术。

【技能点】表述与杏整形修剪有关的名词概念；表述设施杏各种树形与整形技术，修剪技术。

【复习思考】

1. 简述设施杏树常用树形与整形技术。

2. 简述不同年龄时期杏树的修剪技术。

任务三　设施促成栽培技术

【知识目标】掌握杏设施促成栽培扣棚技术与扣棚后的管理技术；掌握升温时间确定的原则及环境调控指标与调控技术；掌握花果与枝梢管理技术；掌握肥水管理技术；掌握采果后的管理技术。

【技能目标】能够正确完成扣棚操作与扣棚后的管理操作；能够正确掌握升温时间与升温后环境调控操作；能够正确完成花果与枝梢管理、肥水管理；能够正确完成采后各项管理操作。

一、扣棚与扣棚后的管理

参照桃树的扣棚与扣棚后的管理。

二、升温与升温后设施内环境条件的调控

（一）升温时间的确定

由表6-5可知，一般杏品种的需冷量在800～900CU，与多数早熟桃品种的需冷量相近。因此，在同一地区种植的设施桃、杏可同期升温。

表6-5　杏常见品种花芽、叶芽的需冷量（CU）

品种	年份	花芽	叶芽
骆驼黄	1996	900	890
	1998	890	890
	1999	900	900
红荷包	1996	860	860
	1998	900	880
	1999	900	880

品种	年份	花芽	叶芽
凯特	1996	910	910
	1998	910	900
	1999	920	900
金太阳	1996	—	—
	1998	—	—
	1999	810	790

（二）升温后温湿度调控指标与调控技术

杏树萌芽、开花、坐果等物候期比桃略早数日。多年生产实践证明，设施杏升温后环境调控指标与调控技术可参照设施桃进行。

三、花果与枝梢管理

（一）花果管理

1. 授粉　　设施栽培杏树的授粉可参照设施桃授粉方法进行。但杏树大多数品种自花结实率低，因此，授粉时应注意以下几点。

① 建园时必须配置好授粉树，授粉树的比例应保持在20%～30%。

② 杏树比桃树高大，虽然可以采用人工点授法，但工效较差，最适宜的授粉方法是花期放蜜蜂或壁蜂授粉。

③ 采用鸡毛掸滚授时，要注意在主栽品种与授粉品种间交替滚动授粉。

2. 疏花疏果　　疏果时期应在能够判断坐果稳定的状况下尽早进行。对于坐果率高、生理落果少的早熟品种，如金太阳、凯特，可在花后10d进行一次间果，20d后进行定果；生理落果多、后期有落果现象的品种，可在花后25～30d定果。设施内的小气候条件有差异，疏果时期不应该同时进行，可根据实际情况安排。

疏果标准：中型果品种，如金太阳、张公园等，果实间距为6～8cm。大型果品种，如凯特等果实间距为10～15cm。疏果时应先疏小果、畸形果，多留侧生果和下垂果。同时要保证短果枝和花束状果枝间轮流结果。

（二）枝梢管理

盛果期杏树，由于果实重量的作用，主枝、长型枝组会发生下弯、扭曲等现象，产生局部枝量过密，影响枝叶受光量、造成空间浪费，同时影响树势和树体结构。因此，升温后枝梢管理的首要任务是根据大枝位移情况，通过吊枝或顶枝方法，使大枝合理分布，以增加树体的整体受光量，维持良好的树体结构。其次是在树体内合理分布结果枝组和新梢，保证树冠中下部光照。同时通过控制新梢的生长，提高坐果率、增大果个，提高品质。

具体做法有：①除萌疏枝：将剪锯口处、树冠内膛萌发的多余新梢及早抹除，以节省营养，并防止枝条密生郁闭，影响通风透光。对没有坐果的空枝可以适度疏间。②扭梢：对当年萌发的生长过旺的部分新梢可以采取扭梢办法控制，既可控制新梢生长，又能促进花芽分化。③摘心和剪梢：当新梢长到 15～20cm 时，可对部分旺梢进行摘心或剪梢。对摘心后萌发的副梢及时抹除。

在果实成熟前 10d 左右进行适度疏梢摘叶，促进果实着色。摘除贴果叶、果实周围的遮光叶，疏除树冠上部遮光严重的旺长新梢。

四、肥水管理

结合杏树需肥特点，设施栽培盛果期杏树升温后到果实采收前施 3 次肥、灌 3～4 次水。

第一次施肥灌水在升温后 10d 内完成，此次施肥以氮肥为主，每亩 20kg 尿素＋20kg 三元复合肥。施肥方法采用多点穴施或放射沟施肥，施肥深度 10cm。施肥后灌一次大水（40～50mm）。待土壤疏松后进行一次松土，松土后进行树盘地膜覆盖。

第二次施肥灌水在落花后进行，此次施肥应增加部分磷钾肥，可施三元复合肥，每亩 40kg，施肥后灌中水（20～30mm）。

第三次施肥灌水在果实硬核期，施用肥料以钾肥为主，每亩 20kg 硫酸钾＋20kg 三元复合肥，施肥后灌中水。

另外，在升温后到开花前如果光照好、温度高，会造成开花前土壤失水量过大，因此在开花前 10～15d 可增灌一次中水。

五、果实采后管理

（一）卸膜
卸膜操作可参照设施桃进行。

（二）生长季管理

1. 肥水管理　果实采收揭膜后应立即追肥灌水，每亩 20kg 三元复合肥。7～8 月份为控制新梢旺长，要控制施肥与灌水。此期间为防止叶功能下降，可每隔 15～20d 连续叶面喷施 0.2% 尿素＋0.2% 磷酸二氢钾 3～4 次。雨季注意排水防涝。

在 8 月下旬至 9 月上中旬施基肥，其种类为各种充分腐熟的有机肥。每亩放入 4～6m³，施肥方法可采用畦面撒施浅翻或放射沟、平行沟施肥法。

2. 地上部枝叶管理　多数杏树品种以短果枝和花束状果枝结果为主。升温后果实发育期间抽生的中短梢是杏树结果枝形成的基础枝条，这些新梢从果实采收后到秋季不再生长、不落叶，均为良好的结果枝。

因此，杏树果实采收后生长季地上部枝叶管理的主要任务：首先是保证树冠中下部中短梢适宜的受光量，通过对各主枝枝头、各枝组枝头侧生分枝生长势和数量的调控，维持中下部中短梢一定的生长势，既不使其生长势过强而再次生长，又不因枝头新梢过多、过强造成中下部中短梢生长势过弱、受光量不足而致使早期落叶。具体修剪时，首先根据树冠中下部及内膛整体受光情况对大枝进行调整，枝量过多、中下部及内膛受光量严重不足的树，要疏间过多的大枝及大枝外围过多强分枝，引光入膛。疏枝时疏除过强（粗度大于母枝粗度的 1/2）和过弱的大枝，保留中庸大枝（枝粗为母枝粗度的 1/3 左右）。对过长、过高或因结果下垂的大枝，在中下部适宜部位进行回缩，控制树体的高度与冠径，维持大枝合理的角度。

其次是调控好各主枝、枝组先端新梢的生长势与数量，控制大枝背上强壮新梢的生长，防止徒长枝的产生。各主枝、枝组先端应选向外斜生的中庸新梢作为延长梢，对延长梢下部第二、三芽产生的竞争梢，通过疏枝、摘心及扭梢等方法加以控制。对无延伸空间的树，可在延长梢生长到一定长度（40～50cm）后，在下部选一斜生、中庸梢作为新的延长梢进行回缩，通过延长梢的放与缩，维持一定的生长空间与生长势，改善中下部中短梢的受光量，防止早期落叶，实现连年丰产。

在6～7月份如果树势偏强、新梢生长过旺，可喷施300～500倍15%的多效唑1～2次。

【知识点】设施杏扣棚与扣棚后的管理，升温与升温后温度、湿度调控指标，升温后的花果管理、枝梢管理、肥水管理及采后管理。

【技能点】表述杏设施促成栽培扣棚时间确定的原则与扣棚后的管理技术、升温时间确定的原则与升温后各项管理技术与采果后生长季管理技术。

【复习思考】

1. 如何确定杏树设施促成栽培扣棚的时间？扣棚后如何管理？
2. 如何确定杏树设施促成栽培的升温时间？
3. 简述设施杏树升温后的温湿度管理指标。
4. 简述设施杏树的花果管理技术、枝梢管理技术与肥水管理技术。
5. 设施促成栽培杏树果实采收后为什么不能按照桃的方法进行采后修剪？生长季地上部枝叶如何管理？

单元七 李树设施促成栽培

项目一　种类与品种

任务　种类与常见品种认知

【知识目标】了解李的种类；掌握常见李品种的特性。
【技能目标】能够掌握常见李树品种特点，指导生产中种植品种的选择。

一、种类

李树为蔷薇科（Rosaceae），李属（*Prunus* L.）植物，分布在亚洲、欧洲和北美洲等地。现有已知种和变种有 50 个以上。我国栽培的有以下几个种。

1. 中国李（*Prunus salicina* Lindl.）　本种原产于我国长江流域，为我国栽培李的基本种。树势强健，适应性甚强，无论是暖地、寒地、山地、平原都能生长。小乔木，发枝力强，二年生枝为黄褐色。叶为倒卵圆形，质薄，锯齿细密，叶面有光泽，无毛。1个花芽中通常包含 2～3 朵花，花小，白色，花梗无毛，以花束状果枝结果为主。果实为圆形或长圆形，顶端稍尖，果皮有黄色、红色、暗红色或紫色，果梗较长，梗洼深，缝合线明显，果粉厚，果肉为黄色或紫色。核椭圆形，黏核或离核。

2. 欧洲李（*Prunus domestica* L.）　乔木，枝无刺。叶片为卵形或例卵形，质厚，叶缘为锐锯齿，新梢和叶均有茸毛。花较大，1～2 朵簇生，花梗有毛。果实为圆形或卵形，基部多有乳头状突起，果皮由黄、红直至紫、蓝色，果形大小变化很大，果肉一般为黄色，离核。

本种原产于高加索，以后传入罗马，再传入欧洲其他地方。18 世纪传入美国，改良品种甚多。目前我国在辽宁、河北、山东等省有零星栽培。

3. 美洲李（*Prunus americana* Marsh）　乔木，树皮粗糙，树冠开张，枝条有下垂性。叶片大，无光泽，有茸毛；一花芽中包含 3～4 朵花。果实球形，红色或橙黄色，果梗较长，黏核。

本种原产于美国、加拿大、墨西哥等地。适应性强，耐寒，曾用之与中国李、杏李杂交育成许多品种。我国在东北和河北省有少量栽培，品种有牛心李、玉皇李等。

4. 乌苏里李（*Prunus ussuriensis* K.）　植株矮小，成灌木状，通常枝多刺；叶片呈倒卵形，背面有柔毛。果实小，直径为 1.5～2.5cm，呈圆球形；核圆形，核面光滑。

本种产于我国黑龙江省，前苏联远东沿海有分布。抗寒力极强，其花朵能耐 −3℃的低温。冬季能耐－55℃的严寒，为寒地李树育种的原始材料。

5. 杏李（*Prunus simonii* Carr.） 原产我国，北京市昌平、怀柔，河南辉县，陕西西安等地均有栽培。小乔木，树尖塔形，枝直立。叶片狭，带直立性，叶缘为细钝锯齿，叶柄短而粗，花1～3朵簇生。果实扁圆形，果梗较短，缝合线深，果皮暗红色或紫红色，黏核，晚熟。品种有红李、秋根子、荷包李、雁过红、腰子红等。

其他还有樱桃李（红叶李）（*Prunus cerasifera* Ehrh.），我国新疆的疏附、阿克苏等县有少量栽培；加拿大李（*Prunus nigra* Ait.），我国东北中部有栽培，称为尼格拉李；刺李（*Prunus spinosa* L.），我国主要分布于新疆塔城一带，为半栽培状态。

二、常见品种

1. 大石早生（Oishiwase） 原产日本，1939年日本福岛县伊达郡大石俊雄氏育成，为台湾李自然杂交的后代。1981年上海市农业科学院园艺研究所从日本引入我国。现分布于辽宁、河北、上海、山东、江苏、浙江、福建、广东、陕西、新疆和宁夏等地。

果实卵圆形，平均单果重49.5g，最大单果重106g，果实纵径4.5cm，横径4.2cm，果顶尖；缝合线较深，两半部对称；果皮底色黄绿，着鲜红色；果皮中厚，易剥离；果粉中厚，灰白色。果肉黄绿色，肉质细，松软，味酸甜、微香。可溶性固形物含量15%，总酸含量1.07%，单宁含量0.5%。黏核，核较小，可食率98%以上，鲜食品质上。

树势强健，以短果枝和花束状果枝结果为主。3年生开始结果，4～5年进入盛果期，5年生树最高产84.1kg。自花不结实，适宜的授粉树品种有莫尔特尼、蜜思李、美丽李、香蕉李、小核李。果实发育期65～70d。4月上旬花芽萌动，4月下旬盛花，果实6下旬成熟，抗旱、抗寒能力强。

2. 莫尔特尼（Morettin） 为美洲李品种，1991年由山东省农业科学院果树研究所引入我国。现分布于山东、河北、北京等地。

果实近圆形，平均单果重74.2g，最大单果重123g；果顶尖，缝合线中深而明显，片肉对称；果柄中长，梗洼深狭；果面光滑而有光泽，果点小而密；底色为黄色，着全面紫红色；果皮中厚，离皮，果粉少；果肉淡黄色，近果皮上有红色素，不溶质，风味酸甜，单宁含量极少，品质中上；可溶性固形物含量13.3%，果核中大，椭圆形，黏核。

该品种树势中庸，以短果枝结果为主，中、长果枝坐果很少。坐果率较高，需进行疏花疏果；幼树结果较早，极丰产；露地成熟期为6月中旬。

该品种适应性广，抗逆性强，抗寒、抗旱、耐瘠薄，对病虫害抗性强。

3. 奥本琥珀（Au-amber） 果实椭圆形，果顶平，缝合线浅而明显，片肉对称；梗洼浅窄；果皮厚，底色淡黄，着紫黑色，果皮易剥离；果肉淡黄，肉质松软，汁多，味甜，皮涩，有浓香，可溶性固形物含量16.75%；黏核，核基部有条状突起，核基圆，核顶尖，多裂开，内无种仁。果实发育期约70d。

该品种树势中庸，树姿半开张。2年生开始结果，5年生树进入盛果期，以短果枝和花束状果枝结果为主。抗寒、抗旱性较强，丰产性较好。

4. 意二（Ruth Grestetter） 原产德国，1991年引入我国。

果实椭圆形，平均单果重41.0g，最大单果重49.0g；果顶平，缝合线浅，片肉对称，梗洼圆而广；果皮蓝色，中厚，易剥离，果粉薄，白色；果肉淡黄色，肉质松软，汁多，味甜酸,可溶性固形物含量 13.2%,离核,果实发育期 68d。

该品种抗寒、抗旱性强,适应性较强,果实成熟较早,但丰产性稍差些。

5. 早美丽 原产于美国,1994 年引入我国。

果实心脏形,单果平均重 40~60g,果顶微尖,缝合线浅,片肉对称;果面艳红色,光滑有光泽,色彩艳丽;果肉细嫩,汁液丰富,味甜爽口,香气浓郁,可溶性固形物含量 13%~17%,品质上等;果核小,黏核,可食率 97% 以上,但成熟期不一致,宜分期分批采收。适宜授粉品种有莫尔特尼、黑宝石、蜜思李等。

该品种树势中等,抗病虫害能力强。长、中、短果枝以及花束状短果枝均能成花结果,极丰产。

6. 蜜思李 为中国李和樱桃李杂交品种(*P.salisina×P. crasufera*),世界许多国家广为栽培。

果实圆形,平均单果重 50.7g,最大单果重 74g,果面光滑,紫红色;果肉鲜红,肉质细嫩,汁液多,风味甜酸适口,香气较浓,品质上等,可溶性固形物含量 13.0%;核小,可食率 98.4%,黏核。适宜的授粉品种有早美丽、大石早生、莫尔特尼、红心、圣玫瑰、黑宝石等。在山东 6 月 20~25 日成熟,设施保护地栽培 4 月上旬成熟。

该品种生长势较强,树冠较开张,成枝能力强,以长果枝结果为主,结果早。

7. 美丽李 又名盖县大李,原产美国,20 世纪 50 年代传入中国,属于中国李的一个品种。现分布于辽宁、河北、山东、山西、陕西、云南、贵州、广西、内蒙古等地。

果实近圆形或心形,平均单果重 87.5g,最大单果重 156g;果顶尖或平,缝合线浅,但梗洼处较深,片肉不对称;果皮底色黄绿,着鲜红或紫红色,皮薄,充分成熟时可剥离;果粉较厚,灰白色;果肉黄色,质硬脆,充分成熟时变软,纤维细而多,汁极多,味酸甜,具浓香;可溶性固形物含量 12.5%;黏核或半离核,核小,种仁小而干瘪。果实发育期 85d 左右。

树势中庸,栽后 2~3 年开始结果,4~5 年可进入盛果期,自花不结实,适宜的授粉品种有大石早生李、跃进李、绥李 3 号等。该品种抗旱、抗寒能力均较强,一般年份在冬季-28.3℃的情况下无冻害。该品种极不抗细菌性穿孔病,易遭受蚜虫、红蜘蛛及蛀干害虫的危害。

8. 长李 15 号 由吉林省长春市农业科学研究所于 1983 年用'绥棱红李'×'美国李'杂交育成,1993 年鉴定命名。现分布于吉林、黑龙江、辽宁、河北、北京等地。

果实扁圆形,平均单果重 35.2g,最大果重 65.0g;果顶凹,缝合线深,两半对称,梗洼深而广;果皮底色绿黄,着紫红色,果皮较厚,易剥离,果粉厚,白色;果肉浅黄色,肉质致密,汁液多,酸甜,微香,可溶性固形物 14.2%;半离核,核椭圆形,表面光滑,品质上等;果实发育期 70d。

9. 红美丽 果实圆形,平均单果重 56.9g,最大单果重 72g。果面光滑,鲜红色,艳美亮丽。果肉淡黄色,肉质细嫩,硬溶质,汁液丰富,风味酸甜适中,香味较浓,品质上等。可溶性固形物含量 12%,总糖 8.8%,可滴定酸 1.26%,糖酸比 7:1。在山东 6 月 20~25 日成熟,设施保护地栽培 4 月上旬成熟。树势中庸,树姿开张。

10. 先锋李(Frontier) 美国品种,为 Manposa×Larida 李杂交种。

平均单果重 79.3g,最大 96g;果面紫色,果肉鲜红色,肉质脆嫩,味甘甜,有香气,品质上等，糖酸比 20 : 1，黏核，核小，可食率 97.8%。在山东泰安果实 7 月下旬成熟。

植株长势中庸偏弱，异花授粉，第三年开始结果，亩产 87.5kg，第四年平均株产 9.88kg，最高 13.5kg，亩产 1360.7kg。

该品种果大，汁多，味甘甜，果肉美，后期丰产，适宜授粉树为红心李、圣玫瑰李等。

11. 红良锦 日本李品种。

果实大，平均单果重 100～150g，果形圆形，果皮全面鲜红色，外观美观。果肉淡黄色，致密多汁，无涩味，甜味多，酸味中等，甜酸适合，食感良好，耐储性好。露地栽培 7 月上旬成熟，设施保护地栽培 4 月下旬成熟。花粉少，自花结实差，需授粉树，无生理落果和裂果。在日本被评价为 21 世纪的划时代的李品种。

12. 圣玫瑰（Santa Rosa） 是美国私人育种家在中国李的实生苗中选出。

平均单果重 76.1g，最大 94g，果面紫红色，果肉黄白，肉质细嫩，汁液丰富，甜酸适度，品质上等。在山东泰安果实于 7 月上中旬成熟。

植株长势强旺，异花授粉，栽后第二年少量结果，第三年平均株产 5.1kg，最高 13.2kg，亩产 703.8kg。该品种果个大，色艳，最适宜于作其他品种的授粉树。

【知识点】常见李的种类与品种。

【技能点】表述不同种李树特点，表述常见李品种特点。

【复习思考】

1. 李常见种有哪些？各有何特点？

2. 常见李树品种有哪些？各有何特点？

项目二 生物学特性

任务一 生长习性认知

【知识目标】掌握李树根、芽、枝类型与生长习性；掌握李树花芽分化规律与性细胞形成规律。

【技能目标】能够对李树根、芽、枝条类型正确识别；能够根据李树根、枝、芽生长习性进行生长调控。

一、树性

李树为小乔木。中国李的树冠高度一般为 4～5m，多为圆头形，但也有少数直立性强的品种。幼树生长迅速，3～4 年开始结果，5～6 年进入盛果期。李树的寿命及盛果期的长短，因种类、品种及管理技术的不同而异。露地栽培情况下，中国李在华北一带，其寿命可达 30～40 年或更长；而欧洲李和美洲李寿命较短，一般仅 20～30 年。

二、根系

李树根系发达，吸收根主要分布在地表下 5～40cm 的土层内。水平根分布的范围则常比树冠直径大 1～2 倍。但其具体分布情况，视立地条件、砧木类型等而定。在土层深厚的沙土园地，垂直根可达 6m 以上。据济源县林业局调查，黄甘李的水平根长 6.9m，水平分布范围为冠幅的 2.4 倍；在地表以下 4.6m 处尚有直径 0.7cm 的垂直根。

李树可用自根苗、共砧或用杏、桃作砧木。栽植过深时易发生根蘖，特别是衰老树。

三、芽枝类型与特点

（一）芽

李树的芽按芽的性质可分为花芽和叶芽，按每个节上芽体数量可分为单芽和复芽，按芽的萌发特点，可分为活动芽和潜伏芽（隐芽）。

花芽着生于枝条的叶腋间（侧生），枝条的顶芽均为叶芽。多数品种在当年枝条的下部多形成单叶芽，而在枝条的中部形成复芽（多数为 3 个芽，两侧为花芽，中间为叶芽），接近枝条顶端又形成单叶芽。

李树的花芽是纯花芽，肥大而饱满，每个花芽内包含着 1～4 朵花。李树花芽芽体较桃、杏、樱桃小。

李树活动芽是当年形成，当年萌发或第二年萌发；潜伏芽经 1 年多或多年潜伏后才萌发。李树的潜伏芽寿命较长，极易萌发，至衰老期更为明显，有利于枝条或树体的更新。

李树芽的萌发力很强，通常绝大部分都能萌发，成枝力中等。一般延长枝先端发出 2～3 个发育枝或长果枝，以下则为短果枝和花束状果枝，故层性比较明显。

（二）枝

根据枝条的性质可分为营养枝和结果枝。

1. 营养枝   一般指当年生强壮新梢，生长较健壮，组织充实，枝上的芽多数为叶芽。其作用是营养树体，扩大树冠，用于培养各级骨干枝及中大型枝组。

2. 结果枝   李树的结果类型与桃近似，分为长、中、短果枝与花束状果枝 4 类。

（1）长果枝   枝长 30～60cm，生长充实健壮，其上着生大量的复花芽，开花量大。但因其先端常抽生强旺的新梢，养分消耗多，坐果率偏低。长果枝长放修剪后，第二年在结果的同时可抽生较多的健壮花束状果枝，为连续结果打下良好的基础。

（2）中果枝   枝长 15～30cm，其上多为复花芽，是李树结果初期的主要结果枝。结果后可发生短果枝和花束状果枝。

（3）短果枝   枝长 5～15cm，其上花芽饱满，坐果率高。短果枝是盛果期李树的主要结果枝，连续结果能力强。

（4）花束状果枝   长度在 5cm 以下，顶芽为叶芽，其下排列紧密的花芽，节间极短，组织充实，结果稳定，连续结果能力强，可形成花束状果枝群。（图 7-1）

中国李的主要结果枝为花束状果枝和短果枝；欧洲李和美洲李则以中、短果枝结果为主。李幼树由于多抽生营养枝和长果枝，产量低。随着树龄的增长，长、中、短果枝逐渐减少，花束状果枝数量逐渐增多，便进入盛果期。花束状果枝为盛果期树的重要结果部位，

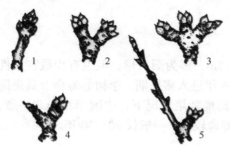

图 7-1   李花束状果枝群
1. 花束状果枝   2. 2 个花束状果枝并生
3. 3 个花束状果枝并生   4. 花束状果枝与叶丛枝并生
5. 花束状果枝与短果枝并生

担负 90% 以上的产量。

花束状果枝结果当年，其顶芽向前延伸很短，并形成新的花束状果枝连年结果，数年后其长度也只有 2cm 左右。因此，李树的结果部位外移较慢，并且在正常的管理条件下不易发生隔年结果现象。花束状果枝结果 4～5 年后，当其生长势缓变弱，基部的潜伏芽萌发，形成多年生的花束状果枝群，大量结果，这也是李树的丰产性状之一。当营养不良、生长势衰弱时，有一部分花束状果枝不能形成花芽，从而转变为叶丛枝。当营养得到改善或受到重剪的刺激时，有部分花束状果枝抽生出较长的新梢，转变为短果枝或中果枝。有一些发枝力强的品种，中、长果枝结果后仍能抽生新梢，形成新的中、短果枝和花束状果枝，发展成小型枝组，但其结实力不如发育枝形成的枝组高。

四、花芽分化与性细胞形成

李的花芽分化较早，据北京农学院于 1982～1983 年对小核李的观察，花芽分化最早出现在 6 月 2 日，分化高峰在 7 月 7 日，分化期可延续到 7 月底；花蕾形成期在 6 月底至 8 月初；萼片形成期在 7 月下旬至 8 月中旬；花瓣形成期为 8 月初至 8 月底；雄蕊形成期为 8 月 11 日至 9 月初；雌蕊形成期在 8 月 19 日至 9 月 8 日。胚珠、胚囊和花粉粒的形成则在翌年春季。如 3 月 13 日开始形成珠心，4 月 9 日形成胚珠，4 月 3 日花粉粒的发育基本完成。4 月 13 日已形成八核胚囊，花朵开放。

【知识点】李树根、芽、枝类型与发育规律，李花芽分化规律与性细胞形成规律。

【技能点】表述李树根、芽、枝类型与发育规律；表述李花芽分化规律与性细胞形成规律。

【复习思考】

1. 李树根系分布与生长有何特点？
2. 李树枝芽类型有哪些？李树主要结果枝类型有哪些？
3. 简述李树花芽形态分化及性细胞形成进程。

任务二 结实习性认知

【知识目标】掌握李树花器构造与开花特点；掌握李树授粉特点及影响授粉的因素；掌握李果实发育规律及落花落果规律。

【技能目标】能够根据李树开花与授粉特点，指导并完成授粉操作过程；根据李落花落果规律与原因，能够提出并实施各项提高坐果率的技术措施；根据李果实发育规律，能够提出并实施各项促进果实发育的技术措施。

一、花器构造与开花特点

李花芽中通常有 2～3 朵，每个花朵由花柄、花托、萼片、花瓣、雄蕊、雌蕊六部分组成。李的大多数品种为完全花，即一朵花中有发育健全的雄蕊和雌蕊。

李花较小，白色，中国李的花柄较短，长 0.8～1.0cm，欧洲李和美洲李花柄较长。花萼浅绿色，也有黄绿色和棕红色的。萼 5 片，基部连在一起，构成萼筒。花瓣 5 片白色，也有在蕾期呈桃红色的。雄蕊一般有 20～30 枚，呈内外两轮排列，外轮花丝较长，内轮花丝较短；雌蕊由子房、花柱和柱头三部分组成，位于萼筒的中央，子房上位。

由于品种的不同及外界环境条件的影响，李花也有产生不完全花的现象。营养不良、花期受冻和品种的遗传性，是产生不完全花的主要原因。不完全花有的表现为雌蕊瘦弱、短小或畸形，此类花为败育花，不能结实。

中国李是仅次于梅、杏开花较早的树种。大石早生李、美丽李等品种在陕西西安地区 3 月中旬开花，河北中部 3 月下旬至 4 月初开花，在辽宁南部 4 月上中旬开花。欧洲李系统的品种开花较晚，一般比中国李系统的品种开花晚 7～10d。

李树开花要求的平均气温是 9～13℃，花期 7～10d。一般情况下短果枝上的花比长果枝上的花开得早，越是温暖的地方，这种趋势越明显。

二、授粉受精

中国李和美洲李大多数品种自花不实，需要异花授粉，欧洲李品种可分为自花结实和自花不结实两类。李树的受精过程一般需要 2d 左右才能完成，如花期温度过低或遇不良天气，则需延长受精时间。

影响授粉受精的因素：首先是树体的营养状况。其次是花期的气候条件，花期多雨或空气湿度过大，影响花粉的释放与传粉，同时导致花粉粒的破裂；空气过于干燥，相对湿度低于 20% 时，柱头上的分泌液枯竭，柱头干缩，则花粉的发芽率显著降低，进而影响坐果。因此在李树生产中，要采取措施，避开一切不利因素，创造良好的授粉受精条件，使其授粉受精良好，从而提高产量。

三、落花落果

李树为多花树种，坐果率较低。

李树落果通常有 3 个高峰。第一次为落花，即花后带花柄脱落，其原因是花器发育不完全、没有授粉或花粉管未进入花柱。第二次为落果，发生在第一次落花后 14d 左右，果似绿豆粒大小时开始脱落，直至核开始硬化为止。此期落果主要是受精不良或子房的发育缺乏某种激素，胚乳中途败育等原因引起的。第三次落果即六月落果，是在果实长大以后发生，落果虽然很明显，但数量不多。营养不良是这次落果的主要原因。有些品种特有的生理落果多是由于遗传引起的。

四、果实发育

李果实发育期与桃、杏一样，属双 S 形。据河北农业大学杨建民等研究，大石早生李果实发育过程分为 3 个时期：第一期从落花后（4 月 13 日左右）至 5 月 15 日，共 1 个月左右的时间，这一时期也称为幼果膨大期，从子房膨大开始到果核木质化以前，果实的体积和重量迅速增长，果实增长速度较快；第二期从 5 月 16 日至 5 月 28 日，为果实缓慢生长期，此期种胚迅速生长，果实增长缓慢，内果皮（种核）从先端开始逐渐木质化，胚不断增大，胚乳逐渐被吸收直至消失，此期为硬核期；第三期从 5 月 29 日至果实成熟，为果实的第二次速长期，这一时期果实干重增长最快，是果肉增重的最高峰。

【知识点】李花器构造与开花特点，授粉特点，落花落果原因与规律，果实发育规律。
【技能点】表述与李结实习性有关的名词概念；表述李开花授粉特点、落花落果规律与果实发育规律。
【复习思考】
1. 简述李花器构造与开花特点。
2. 李树授粉、受精有何特点？
3. 简述李落花落果原因与规律。
4. 简述李果实发育规律与生长原因。

任务三　生长环境认知

【知识目标】掌握影响李树生长结果的主要环境因素；掌握李树对不同环境因素的要求。
【技能目标】能够根据李树对不同环境的要求，指导设施生产中环境的调控与建园。

一、温度

李树对温度的要求因种类和品种而异。如生长在北方的红干核李、蜜门李，可耐－40～－35℃的低温；而生长在南方的芙蓉李等，则对低温的适应性较差，对低温非常敏感。杏李原产于我国北部，主要分布在华北，其耐寒力较强；欧洲李是在地中海南部地区气候温和的条件下形成的，则适于温暖地区栽培；而美洲李则比较耐寒，可在我国东北一带安全越冬。

露地栽培情况下，李树开花期仅次于杏树，属于开花较早的树种。开花期最适宜的温度是12～18℃，不同发育期的有害低温不同，如花蕾期－5.5～－1.1℃，开花期－5.5～－2.2℃，幼果期－5.5～－2.2℃。

二、水分

李树的根系分布较浅，抗旱性一般，喜潮湿，对土壤缺水或水分过多均反应敏感。土壤如能保持田间持水量的60%～80%，根系生长正常，李树在新梢旺盛生长和果实迅速膨大期，需水最多。但在花期干旱、空气湿度小时会影响授粉、受精。花芽分化期和休眠期则需要适度干燥。

李树对水分的要求，因种类和品种不同而有所差异，欧洲李和美洲李，对空气湿度和土壤湿度要求较高，中国李对湿度要求不高。

三、光照

李树对光照要求不如桃严格，但在光照充足时，树势强健，枝繁叶茂，花芽分化好，产量增加，果实着色好，而且含糖量高；光照不足时，枝梢较细弱，花少果稀。

四、土壤

李树对土壤的要求不严格。中国李的适应性更强于欧洲李和美国李。我国北方的钙土、南方的红壤、西北的黄土，均适合李树生长。

但应注意，我国北方多数地区常以毛桃或山桃作为李树砧木。因此该类型的李树对土壤与水分的要求应与桃相近。

【知识点】影响李树生长结实的主要环境因素，如温度、水分、光照、土壤。
【技能点】表述影响李树生长结实的主要环境因素及其作用。
【复习思考】简述李树对温度、水分、光照、土壤要求。

项目三　设施促成栽培

任务一　建园与栽植

【知识目标】掌握李树建园中园地、设施类型及品种的选择；掌握李树栽植技术。
【技能目标】能够根据栽植地区优势环境正确选择栽培设施类型与品种；能够正确完成李树的栽植操作。

一、园地的选择

李和桃、杏均属于核果类，李树砧木与桃相同。园地的选择可参考设施桃。

二、设施类型与品种的选择

表 7-1　不同品种李的适宜授粉品种

主栽品种	授粉品种
大石早生	美丽李、黑宝石、红叶李、莫尔特尼
蜜思李	早美丽、大石早生、莫尔特尼、黑宝石
美丽李	黑宝石、龙园秋李、大石早生、跃进李
莫尔特尼	红美丽、早美丽
红美丽	黑宝石、莫尔特尼
早美丽	黑宝石、大玫瑰、莫尔特尼、蜜思李
澳大利亚 14 号	黑琥珀

主栽品种与设施类型的选择，可参考设施桃。除此以外，现有李树品种多数为异花授粉品种。在选择主栽品种的同时，要配置好授粉树（表 7-1）。授粉树的要求应与主栽品种花期一致或接近、亲和力强、丰产、质优。授粉树的配置数量一般占 20%～30%，宜行内混栽，即每隔 2～3 株主栽品种，栽植 1 株授粉树，主栽品种与授粉树在不同行中应错落排列。也可隔行配置，每栽 2～3 行主栽品种，栽植 1 行授粉树。同一设施内最好栽植 3 个以上的品种。

三、栽植

多数李树品种以短果枝和花束状果枝结果为主。1～2 年生幼树由于生长势强，短枝少，需 3～4 年才能进入盛果期。另外，为了保证下一年的产量，设施李树果实采收后不能按照桃树的采后修剪方法（极重回缩、短截）进行修剪，以维持果实发育期间形成的短梢的正常生长与成花。因此，设施李树栽植密度比桃稀，可按设施杏树的栽培密度。一般为（1.5～2）m×（2～4）m，亩栽植 83～222 株。

栽植前的土壤改良、苗木的选择与处理、定植技术可参照桃树进行。

【知识点】园地的选择与规划，设施类型与种植品种的选择、授粉树的配置、苗木标准、栽植密度与深度、栽后管理等栽植技术。

【技能点】表述李种植品种、与设施类型的选择；表述与李树栽植及栽植后管理相关的技术操作过程。

【复习思考】

1. 简述李树设施促成栽培园区园地选择时应注意的问题。

2. 为充分利用当地优势资源，提高设施促成栽培李树的经济效益，在设施类型与品种选择时应注意哪些问题？

3. 简述设施李树的栽植技术。

任务二　整形修剪与控长促花

【知识目标】掌握设施李促成栽培常用树形与整形技术；掌握不同年龄时期李树的修剪技术；掌握李树控长促花技术。

【技能目标】能够完成设施李促成栽培各种树形的整形操作；能够完成设施李不同年龄时期树的修剪操作；能够根据李树生长情况，完成李树的控长促花操作。

一、常用树形与整形

（一）常用树形

1. 纺锤形　　纺锤形是目前采用较多的适宜密植栽培的丰产树形之一。结构简单、骨干枝级次少，树冠紧凑，成形快，修剪量轻，丰产、优质，管理方便等。

树高 1.5～3.0m，冠径 2.0～2.5m，树冠上小下大呈纺锤状（图 7-2）。干高 50～70cm，中心干直立健壮，其上着生 8～20 个近水平的小主枝，小主枝上无侧枝，直接着生中小结果枝组。小主枝在中心干上螺旋式排列，间隔 10～20cm，插空错落着生，均匀伸向四周，无明显层次。小主枝粗度为中心干粗度的 1/3 以下。

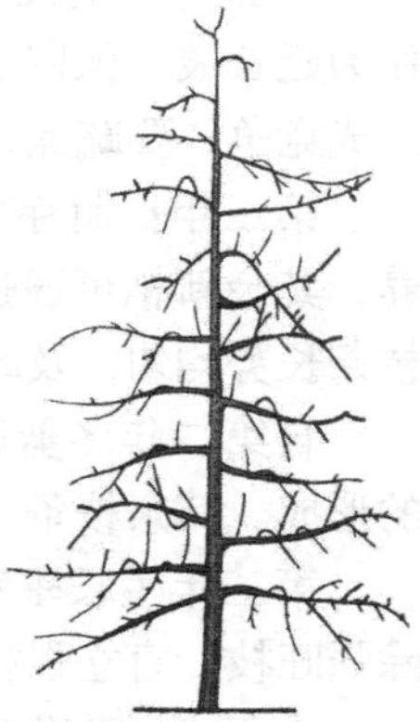

2. 多主枝自然开心形　　该树形结构简单，成形快，通风透光，结构紧凑，整形修剪技术简单易掌握。

干高 30～50cm，主干上有 4～5 个单轴延伸的主枝；主枝上不着生侧枝，直接着生大、中、小型结果枝组；主枝开张角度 40°～45°，树高 2～3m（图 7-3）。

（二）整形过程

1. 纺锤形整形过程

第一年：苗木定植后保留 70～80cm 定干。萌芽后定干剪口下 20cm 内的芽保留，以下的芽全部抹除。由于李树比杏树成枝力强，定干后均可抽生 4～5 个强壮新梢。当新梢长到 50cm 时，选一直立生长的新梢作为中心领导干延长梢，保留 40cm 进行剪截，其余新梢选 4 个生长势强，均匀分布于中心干四周，进行拿枝，使其角

图 7-2　纺锤形

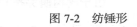

图 7-3　多主枝自然开心形

度保持在 50°～70°，多余的新梢疏除。通过对中心领导干延长梢的剪截，可使延长梢抽生二次梢，以加快幼树的整形与发育。

冬剪：定干剪口下保留的 4 个一年生枝全部长放，培养为小主枝。中心领导干延长梢夏季剪截后抽生的一年生枝，选择 1 个直立生长的健壮枝作为领导干的延长枝，保留 50～60cm 短截，其余一年生枝按 10～15cm 选留，使其向四周均匀分布，长放，过多枝疏除。疏除过于粗壮的竞争枝或过弱枝。

第二年：春季萌芽期，对保留下用于培养为主枝的长放枝进行拉枝，拉枝角度 80°～90°。生长季，拉枝后的长放枝上可抽生大量的新梢，首先选长放枝前端抽生的新梢作为小主枝的延长梢，扩大树冠。延长梢下部的第二、三芽抽生的竞争梢及小主枝背上抽生的强壮新梢要通过摘心、扭梢或疏除等方法加以控制，培养成枝组。中心领导干延长梢长到 50cm 时，保留 40cm 进行剪截，促发二次梢，培养上部小主枝，同时对中心领导干延长梢下部抽生的新梢同样按 10～15cm 间距保留 1 个向四周伸展、拿枝或拉平，其余疏除。当二次梢长到 50cm 时，再保留 40cm 进行剪截，促发 3 次梢抽生，培养上层主枝。

通过第二年生长季对中心领导干延长梢的两次剪截，至秋季，幼树高度已达到 2m 以上，小主枝数量已达 10 个以上，基本完成整形任务。

2. 多主枝自然开心形整形过程

第一年：苗木栽植后于 40～50cm 处剪截定干。萌芽后选留 4～5 个分布均匀、生长健壮、角度适宜的新梢作为主枝保留，其余全部疏除。6 月下旬前如新梢能长到 60cm 以上，保留 60cm 进行摘心或剪梢，促发二次梢，培养结果枝组；60cm 以下的任其自然生长。

冬剪时，生长季进行摘心或剪梢处理的树，每个主枝前端选一生长健壮的一年生枝作为延长枝，保留 60cm 进行短截，延长枝下部的第二、三芽枝如果生长势强，与延长枝形成竞争，要疏除，如生长中庸或偏弱，同其他枝条一样全部长放。

第二年：萌芽后在剪口下长出的新梢选出方向合适的健壮新梢，作为主枝延长枝培养，其余新梢可通过摘心培养结果枝组。在整个生长季节中，进行 2～3 次夏季修剪，使枝条长势均匀，及时疏除竞争枝。

自第二年冬剪开始，对各主枝的延长枝全部长放，以缓和树势，促进结果枝和枝组的形成。其余枝条，在疏除竞争枝、强旺枝、直立枝和过密枝基础上，全部长放。

第三年生长季利用抹芽、摘心、剪枝等方法控制强旺梢、竞争枝的形成；冬剪在疏除强旺枝、直立强枝、竞争枝和过密枝基础上，全面长放。

由于李树萌芽率和成枝力强，一般 2～3 年可完成整形过程，并进入结果期。

二、不同年龄时期李树的修剪

1. 幼树期树的修剪　修剪的主要任务首先是根据不同树形发展的需要，通过短截增加长枝数量，为树体骨干枝的形成奠定基础。其次是控制竞争枝。在不影响骨干枝生长的情况下，对其余枝条全部长放，缓和树势，促进中短果枝的形成。幼树期要重视生长期的修剪，通过延长梢的摘心与剪梢，加快主枝的培养；通过摘心、剪梢、拿枝等技术控制竞争枝的形成，增加分枝数量，培养枝组，促进结果枝的形成。

2. 结果初期树的修剪　冬剪主要采用疏枝和长放技术手法。疏除竞争枝、强旺直立枝、过密细弱枝，其余枝条全部长放，以快速增加短果枝和花束状果枝的形成。该时期夏季修剪比冬剪更重要，如果生长期通过抹芽、疏枝、摘心、剪梢等方法及时控制竞争枝、强旺枝和过密枝的形成，冬剪就基本没有修剪任务了。

3. 盛果期树的修剪　李树4～5年生以后进入盛果期。修剪的任务：维持合理的树体结构，改善树体的受光条件，调整更新结果枝组，维持较健壮的生长势和较强的结果能力，延长盛果期的年限。

对生长势仍较强的李树，如有空间发展可以继续全面采用长放法，以缓和树体的生长势，促进短果枝及花束状果枝的形成。对外围大枝过多，内部枝组生长势弱，光线较差的应适当疏除外围部分大枝，通过疏枝可以减少外围枝量，引光入膛，并通过剪口起到抑前促后，复壮内膛枝组的作用。

已结果多年的树，多表现为主枝过于开张甚至枝头下弯，可在中上部选一个生长势较强，角度较合适的进行回缩换头。

枝组的复壮及更新，可以采用放缩更新复壮法和以新代旧更新法。但李树短果枝和花束状果枝连续结果能力强，寿命长，枝组的更新与复壮要在衰弱后进行，并且要有计划地、分批分期地进行回缩更新复壮。回缩更新过早，易造成枝组外围产生大量细弱发育枝，影响光照、不利于更新。

对一年生发育枝的处理，盛果期的大树除在背上产生部分徒长枝外，在树冠的外围还抽生部分细弱发育枝，这些枝由于生长势弱，第二年形成短果枝及花束状果枝的效果较差，在枝条较密的情况下一般疏掉。

三、控长促花

李树为易成花树种，但在幼树期生长势强，多抽生健壮的发育枝与长果枝，而多数李树品种以短果枝和花束状果枝为主。因此，在形成一定数量的长枝后，全面采用长放修剪，促成枝类转化，是促成李树成花基础与关键。为更有效地控制李树旺长、促进花芽的形成，可在7月中旬及以前喷施多效唑，控长促花。黄鹏对3年生大石早生李树施用多效唑，研究结果表明，无论是土施，还是喷施多效唑，均表现出对李树的控长和促进花芽形成的效果，并随施用剂量的增加，效果越强（表7-2）。

表7-2　施用多效唑对大石早生李生长与成花的影响

处理	新梢长度（cm）	各类结果枝（个）			
		长果枝	中果枝	短果枝	花束状果枝
土施 0.25g/m²	39.5	13.3	18.3	43.2	30.2
土施 0.5g/m²	35.4	9.5	13.4	53.7	32.7
土施 1.0g/m²	33.2	8.7	11.5	58.1	36.5
喷施 500mg/kg	59.6	20.3	25.5	36.2	26.5

处理	新梢长度（cm）	各类结果枝（个）			
		长果枝	中果枝	短果枝	花束状果枝
喷施 1000mg/kg	50.5	18.5	22.7	45.3	31.8
喷施 2000mg/kg	48.5	16.2	17.2	48.2	33.2
CK	57.3	22.7	26.8	32.5	18.7

【知识点】李常用树形与整形过程，不同年龄时期杏树的修剪技术，控长促花技术。

【技能点】表述与李整形修剪有关的名词概念；表述设施李各种树形与整形技术，修剪技术与控长促花技术。

【复习思考】

1. 简述设施李树常用树形与整形技术。
2. 简述不同年龄时期李树的修剪技术。
3. 简述设施李的控长促花技术。

任务三 设施促成栽培技术

【知识目标】掌握李设施促成栽培扣棚技术与扣棚后的管理技术；掌握升温时间确定的原则及环境调控指标与调控技术；掌握花果与枝梢管理技术；掌握肥水管理技术；掌握采果后的管理技术。

【技能目标】能够正确完成扣棚操作与扣棚后的管理操作；能够正确掌握升温时间与升温后环境调控操作；能够正确完成花果与枝梢管理、肥水管理；能够正确完成采后各项管理操作。

表7-3 李常见品种花芽、叶芽的需冷量（CU）

品种	年份	花芽	叶芽
大石早生	1996	840	840
	1998	820	820
	1999	820	820
早美丽	1996	820	820
	1998	820	800
	1999	820	820
红美丽	1996	820	820
	1998	820	800
	1999	820	820
摩尔持尼	1996	870	860
	1998	820	800
	1999	820	820

一、扣棚与扣棚后的管理

参照桃树的扣棚与扣棚后的管理。

二、升温与升温后设施内环境条件的控制

（一）升温时间的确定

升温时间确定的原则参考设施桃进行。由表7-3可知，早熟李品种的需冷量在 800～900CU，与多数早熟桃品种的需冷量相近。因此，在同一地区种植设施桃、李，可同期升温。

（二）升温后环境调控指标与调控技术

李树、桃树的萌芽、开花、坐果等物候期变化基本相同，各物候期所需环境条件也应基本相同。因此，升温后环境调控指标与调控技术可参照设施桃进行。

三、花果与枝梢管理

（一）花果管理

1. 授粉　设施栽培李树的授粉可参照设施桃授粉方法进行。但李树为多花树种、多数品种异花授粉。因此，授粉时应注意以下几点。

①建园时必须配置好李树的授粉组合，授粉树的比例应保持在20%～30%。

②李树整体枝量比桃树大，每个花芽中含有2～3朵花（桃为1朵）。因此李树的花量要远比桃树大，虽然可以采用人工点授法，但工效较差，最适宜的授粉方法是花期放蜜蜂或壁蜂授粉。

③采用鸡毛掸滚授时，要注意在主栽品种与授粉品种间交替滚动授粉。

2. 疏果　疏果时期应在能够判断坐果稳定的状况下尽早进行。对于果实较小、成熟期早、生理落果少的品种，可在花后20d（幼果黄豆粒大小）进行；生理落果严重的品种，如大石早生、美丽李、大石中生等品种，应该在确认已经坐住果（幼果玉米粒大小）以后再行疏果。设施内的小气候条件有差异，疏果时期不应该同时进行，可根据实际情况安排。

疏果标准：中型果型品种，如大石早生李、蜜思李等果实间隔距离为6～8cm。大型果品种，如琥珀李等果实间距为8～12cm。疏果时还应考虑结果枝组的粗壮程度，枝径1cm以上的枝组每8cm留1个果，枝径在0.5～1.0cm的每8～10cm留1个果，枝径在0.5cm以下的每枝留2～3个果。疏果时应先疏小果、畸形果，多留侧生果和下垂果。

（二）枝梢管理

李树采用的树形、枝组类型、主要结果枝类型及结果习性与杏树基本相同，只是李树的总体枝量一般大于杏树。因此升温后枝梢的管理内容及方法与杏树基本相同，主要包括主枝、长型枝组方位调整、大枝外围枝的调整、强壮新梢的控制等。因此可参照设施杏进行。

四、肥水管理

参照设施杏树肥水管理进行。

五、果实采后管理

（一）卸膜

参照设施桃进行。

（二）生长季管理

李树采用的树形、枝组类型、主要结果枝类型及花芽分化特性与杏基本相同。因此采果后肥水管理与地上部枝叶管理可按设施杏管理原则与方法进行。但应注意，李树叶片窄长、耐阴性较杏强。因此，李树整体枝叶密度比杏树大些，以提高产量。

【知识点】设施李扣棚与扣棚后的管理，升温与升温后温度、湿度调控指标，升温后的花果管理、枝梢管理、肥水管理及采后管理。

【技能点】表述李设施促成栽培扣棚时间确定的原则与扣棚后的管理技术、升温时间确定的原则与升温后各项管理技术与采果后生长季管理技术。

【复习思考】

1. 如何确定李树设施促成栽培扣棚的时间？扣棚后如何管理？

2. 如何确定李树设施促成栽培的升温时间？

3. 简述设施李树升温后的温湿度管理指标。

4. 简述设施李树的花果管理技术、枝梢管理技术与肥水管理技术。

5. 设施促成栽培李树果实采收为什么不能按照桃的方法进行采后修剪？生长季地上部枝叶如何管理？

单元八 甜樱桃设施促成栽培

【教学目标】掌握樱桃的种类与甜樱桃常见品种特点；掌握甜樱桃的生长结实习性及对环境的要求；掌握甜樱桃设施促成栽培建园的基本知识与技能；掌握甜樱桃整形修剪与促花技术；掌握甜樱桃设施促成栽培的基本技术。

【重点难点】甜樱桃生长结实习性；甜樱桃整形修剪技术；甜樱桃设施促成栽培技术。

项目一 种类与品种

任务 种类与常见品种认知

【知识目标】了解樱桃的种类；掌握常见甜樱桃品种的特性。
【技能目标】能够掌握常见甜樱桃品种特点，指导生产中种植品种的选择。

一、种类

樱桃为蔷薇科（Rosaceae）李属（*Prunus* L.）樱亚属（*Cerasus* Pers.）。目前我国栽培或作为砧木用的樱桃主要有5个种：甜樱桃（洋樱桃、大樱桃）、中国樱桃、酸樱桃、毛樱桃、山樱桃，其中以甜樱桃的经济价值最高。樱桃的寿命、结果年龄及经济结果年限，因种类、品种、栽培环境条件及管理条件不同而异。

1. 甜樱桃（*Prunus avium* L.） 又称洋樱桃、大樱桃。原产于欧洲，乔木，在原产地树高常达 10～30m，经济栽培的果园一般树高 3～5m，树皮暗灰褐，有光泽。叶大而较厚，黄绿到绿色，长卵形或卵形，先端渐尖，叶长 6～15cm，叶柄暗红色，长 3～4cm，其上有 1～2 个红色圆腺体；每个花芽开花 2～3 朵，花大，白色，与展叶同时开放；果大，直径 1～2cm，果皮黄、红或紫色。圆形或卵圆形，果柄长 3～4cm，果肉与果皮不易分离，肉质有软肉、硬肉两种，离核或黏核。

甜樱桃定植后 4～5 年开始结果，8～10 年进入盛果期，经济年限可延续 20 年以上，单株产量最高可达 300kg。甜樱桃寿命可达 50 年左右。

2. 中国樱桃（*Prunus pseudocerasus* L.） 又名草樱桃、小樱桃。原产于中国，分布在山东、山西、陕西、甘肃、江苏、安徽、浙江、江西、贵州、广西、四川等地，是我国广泛栽培的一个种。类型丰富，小乔木或灌木，枝干暗灰色，枝叶茂密，叶暗绿色，质薄而柔软，卵状椭圆形，花白或稍带红色，4～7 朵成总状花序，或 2～7 朵簇生。花期早，果实较小，红色，橙黄或黄色；果柄长度为果实纵径的 2～2.5 倍；果肉多汁，皮薄不耐运。易生根蘖，耐寒力较甜樱桃弱。

中国樱桃 2～3 年生便可结果，5～6 年进入盛果期，经济结果年限可延续 15～20 年，寿命可达百年。中国樱桃繁殖容易，实生播种、压条分株、扦插皆可。中国樱桃与甜樱桃嫁接亲和力强，可用作甜樱桃的砧木。但以中国樱桃作为砧木的甜樱桃苗木或幼树抗寒力弱。

3. 酸樱桃（*Prunus cerasus* L.） 原产于欧洲和西亚，小乔木或灌木，树高可达

10m，经济栽培的果园中树高 4m 左右。酸樱桃树势强健，树冠直立或开张，易生根蘖。枝干灰褐色，枝条细长而密生。叶小而厚，灰绿或暗绿色，卵形或倒卵形，叶质较硬，具细锯齿，叶柄长，其上具 1～4 个腺体。花白色，每个花芽开花 1～4 朵。果实中大，圆形，红或紫红色，果皮与果肉易分离，味酸，品质差，不耐储运。

本种耐寒性强，结果早。定植后 3～4 年开始结果，7～8 年后进入盛果期，经济结果年限延续 15～20 年。

4. 毛樱桃（*Prunus tomentosa* Thunb.）　原产我国，分布较广，江苏、河南、河北、陕西、山东、甘肃、辽宁、内蒙古，以及黑龙江等地均有栽培。灌木，萌蘖力强，枝粗而密。叶小，倒卵形或椭圆形，叶面有皱纹和茸毛，叶缘具粗锯齿。花白色稍带淡红，果小，呈圆形或椭圆形，直径 1cm 左右，果皮鲜红、黄、黄白及白色，果皮上有短茸毛，果梗极短，味酸甜，可生食或加工用。成熟期早，华北为 5 月上中旬，东北、内蒙古为 6 月上中旬。因叶片、果皮上均有短茸毛，故称毛樱桃。

毛樱桃播种后第三年开始结果，4～5 年后进入盛果期，10～15 年后产量下降，但可利用根蘖进行更新继续结果。本种抗寒力强，适应性广，较丰产，可为育种原始材料。由于多采用实生繁殖，故类型极多。

5. 山樱桃［*Prunus serrulata*（Lindl）］　又名东北黑山樱、本溪山樱。辽宁农业科学院园艺研究所和本溪果农从辽东山区野生资源中筛选出，分布于辽宁省凤城、本溪、宽甸和吉林的长白山、集安、通化等地。高大乔木，树高达 15～20m。树皮光滑，无纵裂。枝干灰褐色或栗褐色，小枝无毛。叶片卵圆披针形，长 8～10cm，叶柄长 1.5～3cm。总状花序，每序 3～5 朵花，花瓣白至粉红色。果实 7 月成熟，红色或紫黑色。

山樱桃与甜樱桃嫁接亲和力强，抗寒、抗抽条能力强，幼树生长良好，结果正常。自 20 世纪 90 年代以来，辽宁省大连和河北省东北部地区多采用此种作砧木，有"小脚"现象。

二、常见甜樱桃品种

1. 意大利早红　原名 Bigarreau Burlat，别名伯莱特、布莱脱、墨丽。1989 年中国科学院植物所从意大利引入。

果实短心脏形，平均单果重 7g，最大果重 11g；果面紫红色，有光泽，果肉红色，肉质硬韧，多汁；果顶平，果肩明显；果柄粗而短，味酸甜，可溶性固形物含量 12%；半离核，品质上。果实发育期 42d，较红灯早 3～5d，在秦皇岛地区 5 月下旬成熟。

树势强健，树姿较开张。幼树萌芽率与成枝力均较强，生长快，多数新梢有二次生长现象。自花结实率低，适宜授粉品种有红灯、红艳、大紫、斯坦勒、拉宾斯等。适应性强，抗寒抗旱，裂果率低，可以在环渤海及京津等适宜地区发展，在保护地生产中更有优势。

2. 早大果　乌克兰品种，由山东果树所原所长李震山研究员 20 世纪末由乌克兰引入。

果实为宽心脏形，果顶处有明显隆起，果柄细长，平均单果重 8g，最大果重 15.2g；果皮较厚，果点明显，果面紫红色，完熟后变为紫黑色，果肉深红色，肉质稍软，肥厚多汁，可溶性固形物含量 17.1%，甜酸甜口，品质上。果实发育期 43d，在秦皇岛地区 5

月底至 6 月初成熟，比红灯早熟 4～5d。

树势强健，树冠开张，枝条细软，新梢基部呈斜上至水平，前端呈斜下方向生长；成花容易，结果早而丰产。3～4 年开始结果，丰产稳产。自花不结实，适宜的授粉品种有拉宾斯、胜利和友谊、斯坦勒等甜樱桃品种。

3. 大紫　又称大叶子、红樱桃、大红袍，原产前苏联。

果实心脏形至宽心脏形，果实中等大小，平均单果重 6g，最大单果重 10g。果实初熟期为红色，完熟后为紫红色，果皮薄。果肉浅红色，肉质松软，多汁，充分成熟后味甜不酸，品质上等，可食率 90% 左右。果核大，可溶性固形物含量 12%～15%。果实发育期 45d，在秦皇岛地区果实 5 月底至 6 月上旬成熟。

植株高大强健，长势旺盛，枝条直立，盛果期后渐开张，萌芽力强。果实成熟期不太一致，需分批采收。适宜的授粉品种有早紫、黄玉、那翁、滨库等。

4. 红艳　大连市农业科学研究所杂交育成，亲本为那翁 × 黄玉。

果实心脏形，平均单果重 7g，最大果重 9.5g，缝合线浅，对称，果肩不明显；果面底色淡黄，70% 着鲜红色，有光泽；果皮厚韧，果肉浅黄色，肉质累软，汁多，风味甜，可溶性固形物含量 15%；果柄较细长，离核，品质上，较耐运输。果实发育期 50d，在秦皇岛地区 5 月底至 6 月上旬成熟，较红灯稍晚。

幼树树势强，成龄树树势中庸，树姿开张。萌芽率高，成枝力中等，分枝多，细弱枝结果多，极易成花，早期丰产性强。自花结实能力低，适宜授粉品种有红灯、红蜜、斯坦勒等。

5. 龙冠　中国农业科学院郑州果树所用那翁和大紫杂交育成。

果实呈宽心脏形，果个中大，平均单果重 6.8g，最大果重可达 12g；果面呈宝石红色，晶莹亮泽，艳丽诱人，果肉及汁液呈紫红色，汁中多，可溶性固形物含量 13%～16%，酸甜适口，风味浓郁，品质上；果柄长 3.5～4.2cm；果核呈椭圆形，黏核。较耐储运。果实发育期 40d，在秦皇岛地区 5 月下旬成熟。

树势强健，树冠半开张，易形成花芽，早果性、丰产性强。自花不结实，适宜授粉品种有先锋、斯坦勒、拉宾斯。

6. "5-106"　大连市农业科学研究所培育的极早熟优系，为那翁实生苗选育而成。

果实宽心脏形，果面全面紫红色，有光泽。果个大，平均单果重 8.7g，最大果重 9.8g。果肉紫红色，肉质较软，肥厚多汁，风味酸甜适口，可溶性固形物含量为 16.9%，黏核，核卵圆形。果实发育期为 40d，在秦皇岛地区 5 月下旬成熟。适宜授粉品种有红灯、红艳、佳红。

树势强健，生长旺盛，树姿半开张，萌芽率和成枝力较强，丰产性好。

7. 红灯　大连市农业科学研究所用那翁 × 黄玉杂交育成，1963 年杂交，1974 年定名。

果实肾形，平均单果重 8.5g，最大果重 15g；果面浓红色至紫红色，有鲜亮的光泽，果肉红色，较韧，肥厚多汁；果顶平，果肩明显；果柄粗，较短；风味酸甜，可溶性固形物含量 17%；半离核，品质上，耐储运，抗裂果。果实发育期 45～50d，在秦皇岛地区 6 月上旬成熟。

树势强健，幼树期树姿直立，成龄树树冠半开张。萌芽率高，成枝力较弱。幼树期，当年生单芽枝不易成花，结果较晚；初果期，中、长果枝较多；盛果期，以短果枝和花束状果枝结果为主，丰产性强。花粉量大，自花结实率低，生产上必须配置授粉树，授粉品种有那翁、红艳、红蜜、先锋、佳红、巨红、红蜜等。

8. 佳红　大连市农业科学研究所用滨库与香蕉杂交育成。

果实宽心脏形，大而整齐，纵径 2.32cm，横径 2.82cm，平均单果重 9.5g，最大果重 11.7g。果皮浅黄，向阳面鲜红，有光泽，外观美丽。果肉浅黄色，肉质较脆，肥厚多汁，风味甜酸适口，可食率 94.6%。可溶性固形物含量 19.8%，含糖量 13.17%。果核小，卵圆形，黏核，较耐储运，较抗裂果。在秦皇岛地区 6 月上中旬成熟，适宜授粉品种有红灯、巨红、斯坦勒等。

树势强健，生长旺盛，幼树期间生长直立，盛果期后树冠逐渐开张，萌芽率和成枝力较强，枝条粗壮。

9. 美早　美国品种。

果实宽心脏形，顶部稍平，果个大小整齐，平均单果重 9.8g，最大果重 15.4g，平均纵径 2.6cm，平均横径 2.8cm。果个普遍比红灯大；果皮全面紫红色，有光泽，鲜艳；肉质脆，肥厚多汁，风味酸甜可口，可溶性固形物含量为 17.6%，果柄特别短粗，果实成熟时发紫。果肉硬脆不变软，耐储运是其突出特点。在秦皇岛地区 6 月上中旬成熟，比红灯略晚。

树势强，树姿半开张，幼树萌芽力、成枝力均强。以短果枝和花束状果枝结果为主，自花结实率低。适宜的授粉品种有斯坦勒、早大果、拉宾斯；美早与红灯相互不亲和。

10. 巨红　大连市农业科学研究所培育。由那翁与黄玉杂交后代 12-2 经自然杂交后，从实生苗中选育出的优良品种。

果实宽心脏形，大而整齐，纵径 2.33cm，横径 2.81cm，平均单果重 10.25g，是甜樱桃品种较大者。果皮浅黄，向阳面有鲜红色晕和明显的斑点，外观鲜艳，有光泽。果肉浅黄白，质较脆，肥厚多汁，风味酸甜，可食率 93.1%，可溶性固形物含量 19.1%。果核卵圆形，中大，黏核，耐储运。果实发育期 60d 左右，在秦皇岛地区 6 月下旬成熟，晚熟易裂果。适宜授粉品种有红灯、佳红、红艳等。

树势强，生长旺盛，幼树期多直立生长，盛果期后逐渐开张。萌芽力高，成枝力强，枝条粗壮，早果性好，定植后 3 年可见果。适应性强栽培地域较广，红灯和佳红是其良好的授粉树。

11. 雷尼或雷尼尔（Rainer）　美国品种。

果实心脏形，果个较大，平均单果重 7～8g，最大果重 13.6g；果皮底色浅黄，阳面呈鲜红色霞，光泽美丽，果肉黄白色，肉质肥厚，可溶性固形物含量为 18%，甜酸适度，品质上。果实发育期 50d，在秦皇岛地区 6 月上旬成熟。该品种自花不实，但花粉特别多，是优良的授粉品种。

树势强健，长势旺盛，早果性、丰产稳产性均较强。

12. 先锋　原名 Van，别名范、凡，为加拿大品种。1983 年由美国引入。

果实肾形，平均单果重 7.5g，最大果重 10g，缝合线和背侧稍凹，对称，果肩明显；面紫红色，极富光泽，过熟呈紫黑色；果皮厚脆，果肉黄至粉红色，肉质硬脆，多汁，酸甜可口，可溶性固形物含量 17.5%，果品质上；果柄短，半离核，耐储运。果实发育期

60d 左右，在秦皇岛地区 6 月中下旬成熟。

树势强，枝条粗壮，萌芽率高，成枝力强。幼树易成花，早果性强，丰产性、稳产性都很强。花粉量大，是好的授粉品种，抗裂果。自花不结实，适宜授粉品种有那翁、拉宾斯、斯特勒等。

13. 斯坦勒　原名 Stelle，别名斯特拉。加拿大夏地农业研究站育成，是国际上首例自花结实品种。

果实心形，平均单果重 7g，最大重 12g，缝合线明显突出，两半部对称，果肩明显；果面紫红色，有条纹与光泽，果点明显，过熟呈紫黑色；果肉紫红色，肉质硬而致密，汁多，可溶性固形物含量 17%，风味酸甜，品质上；果柄细长，耐运输。果实发育期 65d 左右，在秦皇岛地区 6 月中下旬成熟，可延迟 5～10d 采收。

树势强，枝条粗壮，萌芽率高，成枝力强，盛果期树姿开张。易成花，早果性、丰产稳产性强，抗裂果。花粉多，是良好授粉树，并且自花结实能力强。

该品种抗寒、抗逆性强，丰产、稳产性突出，是优良的晚熟品种。

14. 拉宾斯　原名 Lapins，加拿大夏地农业研究站育成，亲本为先锋 × 斯特勒，也是自花结实品种。

果实近圆形或卵圆形，平均单果重 7g，缝合线稍凹，对称；果面紫红色，有条纹，极富光泽；果肉黄至紫红色，硬脆多汁，风味酸甜，可溶性固形物含量 17%，品质上；果柄中长，耐储运性强。果实发育期 65d 左右，在秦皇岛地区 6 月下旬成熟。

树势强，树姿直立，易成花，早果性、丰产稳产性强。花粉量大，自花结实，也是良好的授粉品种。该品种抗逆性较强，丰产，抗裂果，耐运输，是优良的晚熟品种。

15. 萨米豆　果实为宽心脏形，果顶尖，缝合线明显且该面较平，平均单果重 12～13g，最大可达 23g，属极大果类型；果皮紫红色至紫黑色，果面有白色斑点，果皮光滑，鲜亮；果肉红白色，质地硬脆，多汁，风味浓郁，甜酸适口，可溶性固形物含量 13%，品质上等；果柄中长，耐储运性强，果实发育期 60～65d，在秦皇岛地区 6 月下旬成熟。

幼树树势强健，生长旺盛，枝条直立；结果后树势中庸稳定，树姿较开张。易成花，早期丰产性强，盛果期稳产高产；花粉量大，自花不结实，生产中需要配置授粉树。

该品种果个极大，品质好，抗裂果性强，但抗寒性较差，是优良的晚熟品种。

16. 芝罘红　原名烟台红樱桃，系山东省烟台市 1979 年选出的自然实生品种。

果实中大至大型，阔心脏形，鲜红色，有光泽。平均单果重 6g 左右，果肉可食部分占 91.4%。肉质较硬，浅粉红色，汁较多，可溶性固性物含量 15% 左右，风味佳良，品质上等。6 月上旬成熟（一般比大紫晚 3～5d），成熟期较整齐。

树势强健，枝条粗壮，萌芽率高，成枝力强。盛果期以花束状果枝和短果枝结果为主，但各类结果枝的结果能力均较强，丰产。

芝罘红成熟期早、果实美观、肉质较硬、品质优良的甜樱桃品种。

【知识点】常见樱桃的种类与常见甜樱桃品种。
【技能点】表述不同种类樱桃特点，表述常见甜樱桃品种特点。

项目二　生物学特性

任务一　生长习性认知

【知识目标】掌握甜樱桃树根、芽、枝类型与生长习性；掌握甜樱桃花芽分化规律与性细胞形成规律。

【技能目标】能够对甜樱桃根、芽、枝条类型正确识别；能够根据甜樱桃根、枝、芽生长习性进行生长调控。

一、树性

甜樱桃为高大乔木，原产地树高可达 30m，一般树高 6m 左右，冠径 5～8m。自然生长的树多为自然圆头形树冠，4～5 年进入结果期，7～8 年进入盛果期，盛果期一般维持 20～25 年，30 年左右进入衰老期。

二、根系分布与生长特点

甜樱桃的根按其发生部位不同可分为主根、侧根和不定根。主根是砧木种子的胚根发育而成的，在主根上发生的分支，以及分支再长出的分支称为侧根；从茎基部萌生的根称为不定根。

甜樱桃的根系结构及分布特点因砧木种类和苗木繁殖方式不同而有显著差异。中国樱桃的须根发达，在土壤中水平扩展范围广。例如，在中国樱桃上嫁接的 27 年生甜樱桃，其水平根扩展范围达 11m，约超过树冠的 2.5 倍，但是中国樱桃的根系在土壤中分布浅。据观察，在冲层性土壤中，其骨干根和须根仅分布在 5～35cm 深的土层中。所以以中国樱桃作为砧木的甜樱桃树固定性差，在雨季积水或大风天气易造成大树倒伏。马扎德樱桃和青肤樱也具有浅根性，而马哈利和毛把酸的主根发达，根系分布较深，固地性强。目前国内外广泛应用的半矮化砧考特也具有根系发达、抗风力强的优点。

不同的砧苗繁育方式对根系的结构有明显影响。播种繁殖的实生苗，骨干根特别是垂直根发达，根系分布较深。而扦插或分株繁殖的砧苗水平根发育较强健，须根量大，但垂直根不发达，根系在土壤中分布较浅。

三、芽枝类型与特点

（一）芽

甜樱桃的芽按其着生部位不同可分为顶芽和腋芽两类，按芽的性质不同可分为叶芽和花芽。叶芽较瘦长，花芽则肥大而圆。甜樱桃的顶芽都是叶芽；腋芽可以是叶芽也可以是花芽。甜樱桃的叶芽着生于各类枝条的顶端、发育枝的叶腋间和中长果枝的中上部。

与其他果树相比，甜樱桃叶芽的萌发率强，成枝力的高低依种类和品种不同而异。酸樱桃成枝力最强，甜樱桃则次之。不同年龄，从幼树到成龄大树，成枝力逐渐减弱。

酸樱桃的叶芽具有一定的早熟性。

甜樱桃枝条基部的潜伏芽是骨干枝和树冠更新的基础。潜伏芽是由副芽形成的，其寿命因种类、品种不同而不同。一般酸樱桃潜伏芽寿命5~7年，甜樱桃则可长达10~20年。

甜樱桃的花芽为纯花芽，一般着生于各类结果枝基部的第3~9节上（图8-1、图8-2），单生，每个花芽内包含有2~3朵花。据调查，结果枝基部第4、5、6、7节成花率最高（60%以上），花芽的最低着生节位为第2节，最高着生节位不同品种间有差异。以红灯着生节位最高，为第15节；其次是那翁和红蜜，为第14节；红艳和先锋最低，为第12节。

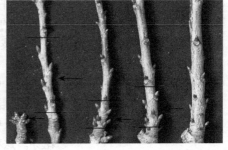

图 8-1　甜樱桃花芽着生部位

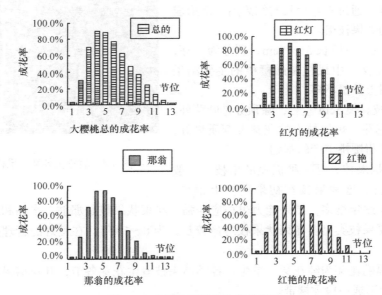

图 8-2　甜樱桃不同节位成花情况

（二）枝

1. 枝条类型　甜樱桃的枝条按其性质分为营养枝（又称生长枝）和结果枝两大类。

（1）营养枝　营养枝是指只着生叶芽而无花芽的枝条。营养枝按其生长状况，又可分为徒长枝、发育枝和单芽枝。

① 徒长枝。多由潜伏芽萌发后形成，年生长量大、多直立生长，生长旺、髓较大、叶芽较小的枝条。该枝条在盛果前期多疏除，在衰老树上可改造利用，是老衰树培养内膛枝组和树体更新的基础。

② 发育枝。指生长健壮、节间较短、髓较小、腋芽（叶芽）发育充实的枝条。发育枝是甜樱桃树用于扩大树冠，形成各级骨干枝和枝组的基础。

图 8-3　甜樱桃单芽枝

③ 单芽枝又称叶丛枝（图 8-3）。由各类枝条上叶芽萌发后形成的一种短缩枝，该枝年生长量在 1cm 以下。生长季簇生叶片，到冬季只有顶端形成一个叶芽，叶腋间不具有芽。在一般情况下，单芽枝每年顶芽萌芽展叶后又停止生长，并形成顶芽。因此，单芽枝可多年单轴生长，只有在较好的营养条件和环境条件下，才能转变为花束状果枝或短果枝。

（2）结果枝　甜樱桃的结果枝分为 5 类：混合果枝、长果枝、中果枝、短果枝、花束状果枝（图 8-4）。

① 混合果枝。是由发育枝转化而成，长度在 20cm 以上，其顶芽及中上部大部分侧芽为叶芽，只有枝条基部几个侧芽为花芽。这种枝的花芽质量较差，坐果率低，果实成熟晚，品质较差，具有开花结果和扩大树冠双重作用功能。

② 长果枝。一般长 15～20cm。由于长果枝顶端逐年延伸，通过多年生长与结果后，多形成一种疏散状的结果枝组。

③ 中果枝。一般长 5～15cm，顶芽为叶芽，腋芽多数为花芽。中果枝是酸樱桃的主要结果枝，甜樱桃树上数量不多。

④ 短果枝。长 5cm 左右，除顶芽是叶芽外，其侧芽全为花芽。短果枝上的花芽发育质量好，坐果率高，是甜樱桃丰产的基础。

⑤ 花束状果枝。是一种极短的果枝，一般长仅 1cm 左右。这种果枝在初果期树上很少，

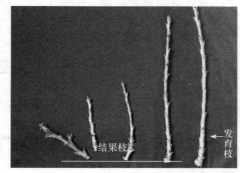

图 8-4　甜樱桃各类结果枝

进入盛果期才逐年增多，结果能力也相应增强。花束状果枝是那翁、水晶和鸡心等甜樱桃品种的主要果枝类型。花束状果枝寿命较长，为 8～10 年，在良好的管理条件下可达 20 年之久。

由于甜樱桃花芽为纯花芽、单生。各类结果枝着生花芽各节，开花结果后不能再抽生新梢，故会形成一段秃裸带。

甜樱桃不同类型的果枝在产量构成中的作用，因品种、树龄、树势不同而有很大差异。初果期和盛果期壮树以及成枝力强的品种（如毛把酸和大紫等品种等），有较多的长果枝和混合果枝。它们的结果量在产量构成中占有重要地位。据调查，8 年生小紫，长果枝和混合果枝结果量占全树总产量的 47.2%；7 年生的毛把酸，长果枝的结果量占全树总产量的 88.4%；而 20 年生的大紫品种尽管以花束状果枝结果为主，但长果枝及混合果枝的结果量仍然占全树总产量的 16.1%。成枝力弱的盛果期大树主要是花束状果枝结果。

2. 新梢生长规律　甜樱桃叶芽的萌动期一般比花芽晚 5～7d。叶芽萌动后，有一个短暂的新梢生长期，历时一周左右。而开花期间，新梢生长量很少，一般只有 1～2cm。从谢花后到果实的成熟前为新梢迅速生长期，这一时期幼树新梢生长量可达 30～60cm。

甜樱桃新梢的年生长量和生长动态，因品种、树龄、树势、结果量，以及气候条件

有关。一般早熟品种新梢迅速生长，来得早，停止生长也早。而晚熟品种新梢生长期长，停止生长也晚。成枝力强的品种、幼树、旺树和结果少的树，特别是降雨量多的年份，新梢生长量大，生长期长，生长次数多，一般具有春、秋梢二次生长，有的还能够抽生二次枝。而成枝力弱的品种、大树、弱树和结果多的树，以及降雨量少的年份，新梢生长量小，生长期短，一般只有春梢一次生长。新梢生长量过大，停止生长过晚会造成枝条发育不充实，冬季容易遭受冻害、早春易发生抽条现象。因此，生产中应注意控制幼树的过度生长。

甜樱桃进入初果期后，树势趋于稳定，新梢生长也逐渐减弱，一般年生长量在20cm左右。

四、花芽分化与性细胞的形成

甜樱桃花芽分化早晚与果实成熟期及结果枝停止生长的早晚有很大关系（Komoman，1980）。摘叶试验证明，在山东省烟台市，甜樱桃那翁的花束状果枝生理分化主要是在春梢停止生长，采收后10d左右的时间里，形态分化过程主要是在采收后1～2个月的时间开始。在日本，据山形大学渡边研究：甜樱桃花芽分化从7月中旬至9月中旬形成雄蕊原基，到10月下旬花器完全形成。边卫东等对温室和露地栽培甜樱桃'佐藤锦'的花芽形态分化及花粉、胚珠性器官发育过程（图8-5、图8-6）进行了观察，结果表明：在不

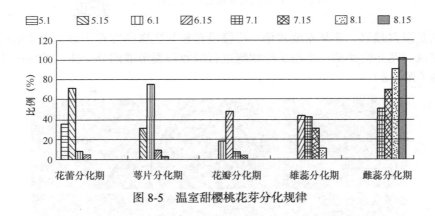

图8-5 温室甜樱桃花芽分化规律

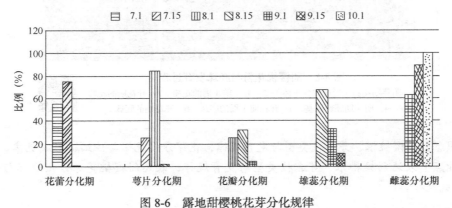

图8-6 露地甜樱桃花芽分化规律

同的栽培条件下，甜樱桃萌芽、开花、坐果、果实成熟等物候期的开始时间不同（温室条件下各物候期提早了 2 个月左右），花芽形态分化日期不同，但均在果实成熟后 1 个月左右开始，每隔 15d 左右进行到花芽分化的下一个阶段，但温室、露地栽培条件下花芽形态分化每个阶段所经历的时间长短有所不同，温室比露地长了 10d 左右。到秋季落叶期温室、露地栽培条件下的甜樱桃花芽分化均保持在雌蕊分化阶段，花粉、胚珠性器官未形成。

　　甜樱桃花芽形态分化过程可分为：分化初期、花蕾分化期、萼片分化期、花瓣分化期、雄蕊分化期和雌蕊分化期（图 8-7）。

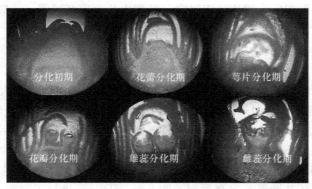

图 8-7　甜樱桃花芽形态分化过程

　　无论是温室栽培，还是露地栽培，甜樱桃花粉与胚珠的发育均始于萌芽期前后，至开花期完成。花芽萌芽期，小孢子母细胞进行减数分裂形成四分子体，子房内开始产生胚珠原基（图 8-8）。

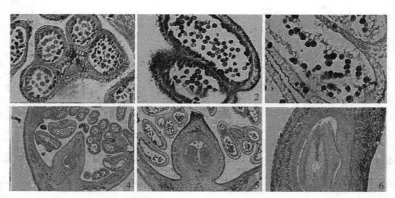

图 8-8　甜樱桃花粉与胚珠发育过程
1. 萌芽期花药（形成四分子体）2. 开花前 1 周的花粉　3. 开花期的花粉
4. 萌芽期胚珠原基　5. 开花前 1 周的胚珠　6. 开花期的胚珠

【知识点】甜樱桃根、芽、枝类型与发育规律，花芽分化规律与性细胞形成规律。
【技能点】表述甜樱桃根、芽、枝类型与发育规律；表述甜樱桃花芽分化规律与性细胞形成规律。

【复习思考】
1. 甜樱桃根系分布与生长有何特点？
2. 甜樱桃枝芽类型有哪些？
3. 简述甜樱桃花芽形态分化进程。
4. 简述甜樱桃花芽形态分化及性细胞形成进程。

任务二　结实习性认知

【知识目标】掌握甜樱桃花器构造与开花特点；掌握甜樱桃授粉特点及影响授粉的因素；掌握甜樱桃果实发育规律及落花落果规律。

【技能目标】能够根据甜樱桃开花与授粉特点，指导并完成授粉操作过程；根据甜樱桃树落花落果规律与原因，能够提出并实施各项提高坐果率的技术措施；根据甜樱桃果实发育规律，能够提出并实施各项促进果实发育的技术措施。

一、花器构造与开花特点

甜樱桃的每个花芽中，可有 1～6 朵花，多数为 2～3 朵。在营养条件好的花束状果枝上，一个花芽可以开花 4～5 朵。花序为伞房花序，花为上位子房。每个花朵中有 5 枚萼片、5 枚花瓣、雄蕊 40 枚左右、1 个雌蕊，雄蕊高度与雌蕊高度相近。但有时也会出现雌蕊败育花朵，在雌蕊败育花中，花柱极短，萎缩于萼筒中。开花时雌蕊败育花在花瓣未落时，柱头和子房已黄萎，完全不能坐果。另外，花芽分化期间如出现异常的环境条件，也会出现在一个花朵中有多个雌蕊（子房）的现象。

甜樱桃开花早晚受品种、树势、树龄、果枝类型等内在因素及年份间气候条件的影响。

同一品种的大树，弱树花期较早，幼树、壮树花期较晚。同一树上，花束状果枝、短果枝的花期早，长果枝、混合果枝的花期晚。部分甜樱桃品种的开花顺序依次为：早紫→大紫、小紫→水晶、那翁→鸡心、秋鸡心、琉璃泡→毛把酸。不同年份间由于早春的气候条件不同，开花时期也不同。

影响甜樱桃开花早晚的外部条件主要是早春气温的高低。从理论上来讲，甜樱桃经过自然休眠以后，遇到适宜的温度就能萌芽、开花与生长。一般开花前 40d 平均气温和地温较高的年份萌芽开花较早。

但应注意，不正常的高温处理能诱使甜樱桃过早开花，但有可能造成花器发育不健全，无效花增多。如河北科技师范学院日光温室樱桃（1996），12 月中旬进行升温处理，由于处理温度过高、速度过快，35d 开花，但花后坐果率只有 6%；通过对开花期子房进行切片观察表明，多数花胚珠发育畸形或无胚囊，即造成了雌性器官的败育。

二、授粉与受精

甜樱桃每个花药中有 6000～8000 粒花粉，花粉粒多为长椭圆形，也有的品种为三角形。甜樱桃多数品种高度自花不结实（表 8-1），有的品种还表现为单向或双向不结实。

因此栽植甜樱桃时一定要选择好授粉树，最好一个果园栽植 3 个以上的品种。

表 8-1　甜樱桃自花授粉坐果率

品种	套袋花序数（个）	套袋花朵数（个）	坐果数（个）	坐果率（%）	试验年度（年）
小紫	399	1089	5	0.46	1977
大紫	—	30	0	0	1973
大紫	96	195	0	0	1977
那翁	200	514	0	0	1977

甜樱桃的授粉过程主要依靠蜜蜂，为了提高授粉效果应当在花期及时引进足够数量的蜜蜂来传粉。授粉后花粉的萌发和花粉管在花柱中的生长速度受温度条件影响最大。试验表明，在 7.3℃和 9.9℃条件下，那翁的花粉管生长慢，而在 25℃条件下花粉管生长最快。因此甜樱桃在花期遇到低温天气会造成受精不良，严重影响产量。但在秦皇岛甜樱桃主产区多年生产实践中，开花期天气晴朗较凉爽年份坐果率高，在阳光充足天气较热的年份坐果率低，尤其遇到干热风天气。

甜樱桃开花期对空气湿度较敏感。甜樱桃柱头上分泌液最多，如果开花期空气湿度过低（低于 20%），柱头上的分泌液枯竭，柱头干缩，则花粉的发芽率显著降低，进而影响坐果。

三、落花落果

甜樱桃为多花树种，落花落果较为普遍。无论是露地栽培还是设施栽培，落花落果均表现为 3 次高峰。

第一次为落花，时间在盛花后 8d 左右，此时脱落花中的子房尚未膨大，而不脱落的子房已明显膨大。落花的原因是没有授粉，或授粉后花粉管未进入花柱。

第二次为落果，时间在盛花后 16d 左右，所脱落的幼果已充满萼筒，幼果有豆粒大小。脱落原因是由于受精不良或没能完成受精，使幼果停止生长而脱落。

第三次为落果，时间在盛花后 24d 左右。第三次落果高峰所脱落的幼果已有花生米大小，此时核开始硬化，但尚未完全木质化。到核已完全木质化后，停止落果。第三次落花落果在生产上有的地区称为旱黄落果或柳黄果。脱落原因是胚停止发育，幼果缺少必要的激素而脱落。

四、果实发育

甜樱桃的果实由外果皮、中果皮、内果皮（核）、种皮和胚组成。可食部分为中果皮。甜樱桃果实的生长发育期较短，从开花到果实成熟需要 35～65d。

甜樱桃果实发育规律与桃相同，属双 S 形，整个果实发育期分 3 个阶段。

1. 第一阶段　为果实第一速生期，从谢花后到硬核前。主要特点是子房壁细胞分裂旺盛，果实迅速增大；果核迅速增长至果实成熟时的大小，胚乳也迅速发育。各品种这一时期的长短不同，大紫为 14d，小紫为 15d，那翁为 9d。这一时期结束时的果实大小，为采收时果实大小的 53.6%～73.5%。增长的原因主要是果实细胞数量的增加，靠果肉细胞的分裂来实现的，其中纵径增长量大于横径增长量。

2. 第二阶段　　果实生长缓慢期或硬核期，为硬核和胚的发育期。主要特点是果实生长缓慢，果核开始木质化，胚快速发育。这一时期的长短，大紫、小紫各为8d，那翁为14d。这段时间果实的实际增长量，仅占采收时果实大小的3.5%～8.6%。

3. 第三阶段　　为果实第二速生期，自果实硬核后至果实成熟。主要特点是果实体积和重量再次迅速增加，横径增长量大于纵径增长量。各品种这一时期的长短，大紫、小紫为11d，那翁为17d。这段时间果实的增长量，占采收时果实大小的23.0%～37.8%。在果实的第二次迅速生长期，果重增加的主要原因是细胞体积的增大和重量的增加。

五、裂果

甜樱桃果实发育的第三阶段，有时出现裂果现象，特别是成熟前降雨，往往造成大量的裂果。裂果现象按发生部位不同可分为果顶裂果、果梗裂果、缝合线裂果和不规则裂果等多种情况。裂果现象与品种、采前降雨和果实成熟度有密切关系。在生育期内，尤其是果实成熟期大量降雨或灌水，容易出现裂果现象。一般吸水力强、果皮气孔大、气孔密度高和果皮强度差的品种，如宾库、最上锦、高砂和大紫等属易裂果品种。而北光为不裂果品种。甜樱桃中没有发现有完全抗裂果的品种。

目前对防止裂果尚无理想的方法，最根本的是培育抗裂果的品种。在实际栽培中，果实发育前期要注意适量灌水，保持适宜的稳定的土壤水分状况，对防止裂果有一定的作用。

【知识点】甜樱桃花器构造与开花特点，授粉特点，落花落果原因与规律，果实发育规律。

【技能点】表述与甜樱桃结实习性有关名词概念；表述甜樱桃开花授粉特点、落花落果规律与果实发育规律。

【复习思考】

1. 简述甜樱桃花器构造与开花特点。
2. 甜樱桃授粉、受精有何特点？
3. 简述甜樱桃落花落果原因与规律。
4. 简述甜樱桃果实发育规律与生长原因。

任务三　生长环境认知

【知识目标】掌握影响甜樱桃生长结果的主要环境因素；掌握甜樱桃对不同环境因素的要求。

【技能目标】能够根据甜樱桃对不同环境的要求，指导设施生产中环境的调控与建园。

一、温度

甜樱桃为喜温而不耐寒的果树。世界上甜樱桃栽培地区一般年平均气温为13～14℃，4～7月平均气温为18℃。在甜樱桃的年周期发育中，不同生育期对温度的要求有明显的差别。冬季发生冻害的临界温度为-20℃左右，在-29～-26℃时则会造成大量死树，花蕾期发生冻害的温度为－5.5～－1.7℃，在－3℃内4h花蕾会100%受冻，开花和幼果期发生冻害的临界温度则为－2.8～－1.1℃。

甜樱桃较耐夏季高温，但在高温高湿条件下，树冠郁闭，果实品质变差，有时还会加重感染真菌病害的程度。而在高温干旱的情况下，树势衰弱，落果严重，果实个小，产量大大下降。

二、水分

甜樱桃为喜水果树，适于在年降雨量600～800mm的地区生长。据试验，当土壤含水量降至7%时，甜樱桃的叶片发生萎蔫现象，土壤含水量降至10%左右，地上部分停止生长。在果实发育的硬核期，土壤含水量降至11%～12%时，会造成大量落果而严重减产。甜樱桃虽是喜水果树，但应当注意，它对水分状况也是很敏感的，既不抗旱也不抗涝。在土壤湿度过大或积水的情况下，树体生长衰弱，产量大幅度下降。因此，生产中应注意不要在低洼地建园，在一般田块种植时也应有防涝措施。

三、光照

甜樱桃是喜光性较强的果树。它对光照条件的要求仅次于桃、杏，比苹果、梨要严格。在光照条件较好的情况下，抽生枝条健壮，冠内外结果均匀，果实成熟早，着色好。而在光照不足的情况下，枝条细弱，内膛枝组容易枯死，不完全花增多，果实品质下降。人工遮阴试验表明，用中等密度的遮阴物遮盖树枝以降低完全日照强度的10%～15%，被遮阴果明显变小，颜色和硬度变差，可溶性固形物减少，成熟期推迟。

四、土壤

甜樱桃最适宜在土层深厚、土质疏松、透气性好、保水保肥能力较强的沙质壤土上栽培。不适宜在黏重土壤上栽培，特别是用马哈利做砧木的甜樱桃，最忌黏重土壤。甜樱桃对土壤盐渍化程度反应敏感，适宜的土壤pH为6.5～7.5，土壤含盐量超过0.1%的地方，生长结果不良，不宜栽培，在地下水过高或透水性不良的土壤中生长不良。

【知识点】影响甜樱桃生长结实的主要环境因素，如温度、水分、光照、土壤。
【技能点】表述影响甜樱桃生长结实的主要环境因素及其作用。
【复习思考】简述甜樱桃树对温度、水分、光照、土壤要求。

项目三　设施促成栽培

任务一　建园与栽植

【知识目标】掌握设施甜樱桃促成栽培建园中园地的选择；掌握设施甜樱桃促成栽培设施类型与品种的选择；掌握设施甜樱桃促成栽培的栽植方式与栽植技术。
【技能目标】能够根据栽植地区优势环境正确选择栽培设施类型与品种；能够正确完成甜樱桃的栽植操作。

一、园地选择

樱桃和桃均属于核果类，园地的选择可参考设施桃。除此以外，甜樱桃对土壤酸碱度与含盐量要求较严格，适宜在土壤 pH 6.5～7.5，总含盐量 0.1% 以下的土壤上种植。

二、设施类型与品种的选择

主栽品种与设施类型的选择，可参考设施桃。除此以外，在现有甜樱桃品种中，除斯坦勒、拉宾斯可自花结实外，其他品种均为高度异花授粉品种。在选择主栽品种的同时，要配置好授粉树（表 8-2）。授粉树的要求应与主栽品种花期一致或接近、授粉亲和力强、丰产、质优。授粉树的配置数量一般占 30%～40%。授粉树的配置方式，宜行内混栽，即每隔 2～3 株主栽品种，栽植 1 株授粉树，主栽品种与授粉在不同行中应错落排列。同一设施内最好栽植 3 个以上的品种。

表 8-2　甜樱桃主栽品种的适宜授粉品种和不适宜授粉品种

主栽品种	适宜授扮品种	不宜授扮品种
大紫	晚黄、水晶、红丰、那翁、宾库、红樱桃、晚红	不明
红樱桃	水晶、大紫、那翁、晚红、宾库、红灯、红丰	不明
红灯	13-38、5-19、8-41、红蜜、宾库、那翁、大紫	美早
那翁	水晶、大紫、晚红、红灯、雷尼、先锋	本系品种，宾库、紫樱桃
雷尼尔	那翁、宾库、紫樱桃	骑士、哈得逊
红丰	水晶、大紫、晚红	宾库、那翁、晚黄
宾库	水晶、大紫、晚红、红樱桃、红灯	那翁、晚黄
意大利早红	红灯、芝罘红、鸡心	不明
红蜜	红灯、红艳、最上锦	不明
美早	早大果、斯坦勒、先峰、雷尼	红灯
芝罘红	大紫、那翁、滨库、红灯、红丰	不明

目前，烟台、大连、秦皇岛设施栽培的甜樱桃，主要品种有芝罘红、红灯、意大利早红、早大果、美早、斯坦勒、拉宾斯等。大紫、芝罘红、斯坦勒、拉宾斯等对环境的适应性强，易于设施栽培。红灯、意大利早红、早大果、美早等品种对环境条件要求较高。

三、栽植方式

设施栽培甜樱桃的栽植方式，可分为两种基本形式。一是在没有建造好栽培设施的情况下，可按照设施建造规划，先栽植甜樱桃，待甜樱桃树进入结果期后建造栽培设施。二是针对已有栽培设施的情况，一般采取移栽结果期大树的方法。采用此种方法，主要是由于甜樱桃枝量增加缓慢、成花晚、结果晚。如果直接在设施内定植甜樱桃苗木，前4～5 年因不能结果栽培设施就失去其作用，造成不必要的浪费。

四、栽植

对于尚未建造好设施的园区，要按照设施园区的规划设计直接把苗木栽植到温室或大棚的田面内。苗木栽植密度为（2~3）m×（3.5~4.5）m，待樱桃进入结果期后再建造设施。对于已有栽培设施，直接移栽结果期樱桃树的园区，要根据被移栽树树冠大小确定栽植密度。一般要求移栽后甜樱桃树营养面积利用率达到85%以上，移栽后同行相邻树的枝可有一定的交叉，但两行树间的枝不应交叉，并保持50cm以上的间隔。

甜樱桃苗木栽植技术与桃树栽植技术基本相同，只是优质一级苗木标准与栽植后定干高度不同。一级成苗标准：苗木高度1.2~1.7m，苗木茎粗1~2cm，根系舒展，侧根4~6条，主侧根长度20cm以上；定干高度70~80cm（采用小冠分层形或纺锤形树）。

利用现有设施移栽结果期甜樱桃树进行设施生产，是目前我国甜樱桃设施生产的主要栽植方式。多年生产实践证明，此种栽植方式有以下优点：①结果早，移栽结果期树可实现第二年结果；②移栽断根可有效地控制甜樱桃树的营养生长，促进花芽的形成；③甜樱桃为须根树种，即使进行裸根移栽也可实现100%的成熟率。

适宜的移栽树龄为4~6年生结果初期或结果期树。大树移栽分为早春与初冬两个时期。春季移栽，一般在甜樱桃萌芽前进行；初冬移栽，一般在甜樱桃落叶后到土壤封冻前完成。为提高甜樱桃移栽成活率，移栽时应注意以下几点。

①可裸根移栽，但要尽可能地多保留根系。②移栽时要对甜樱桃树进行适度修剪，减少枝量、减少水分的蒸发。修剪主要是重短截一年生发育枝与长果枝，对大枝过多、结构不合理的树，疏除过多大枝，回缩过长枝。③初冬移栽后要进行防抽条处理，即移栽后在冬季要对设施覆盖薄膜和保温材料（图8-9）。加盖保温材料的作用是防止白天阳光进入设施内，造成温度升高。实践证明：初冬移栽通常第二年甜樱桃树恢复快，生长势要好于早春移栽树，成花多。

图8-9 甜樱桃秋冬移栽
1. 移栽前的树 2. 挖栽植穴 3. 移栽灌水 4. 移栽后进行覆盖防抽条

【知识点】园地的选择与规划，设施类型与种植品种的选择，栽植方式，授粉树的配置、苗木标准、栽植密度与深度、栽后管理等栽植技术。

【技能点】表述甜樱桃种植品种与设施类型的选择；表述与甜樱桃树栽植及栽植后管理相关的技术操作过程。

【复习思考】

1. 简述甜樱桃设施促成栽培园区园地选择时应注意的问题。

2. 为充分利用当地优势资源，提高设施促成栽培甜樱桃的经济效益，在设施类型与品种选择时应注意哪些问题？

3. 设施促成栽培甜樱桃建园时的栽植方式有几种？有何特点？

4. 简述设施甜樱桃的栽植技术。

任务二　整形修剪与控长促花

【知识目标】掌握设施甜樱桃促成栽培常见树形与整形技术；掌握不同年龄时期甜樱桃的修剪技术；掌握甜樱桃的促花技术。

【技能目标】能够完成设施甜樱桃促成栽培各种树形的整形操作；能够完成不同年龄时期甜樱桃树的修剪操作；能够根据甜樱桃树的生长状态，指导并完成控长促花操作。

一、常用树形与整形过程

甜樱桃属于乔化树种，在自然生长情况下，树高可达 6m 以上。利用日光温室或大棚栽培甜樱桃应选择树体矮小、紧凑、有效枝多的树形。

（一）常用树形

1. 小冠分层形（图 8-10）　该树形具有中央领导干，干高 60～70cm，在中央领导干上着生 8～10 个近水平的主枝，分 2～3 层。层内距 20～30cm，层间距为 60～70cm。第一层小主枝 3～5 个（以 4 个为主），第二、三层分别着生 2～3 个。小主枝上只着生枝组，无侧枝。一般 3～4 年完成整形，并进入结果期。

2. 扇形　是国外应用的一种新树形，该树形主枝从接近地面处分生，一般为 5 个主枝，中央的一个主枝较强，在其两边分别安排两个主枝，两边的主枝比中部主枝的长势依次降低，角度依次增大。这样成形后，整个树冠就成为扁平形的扇形结构。

图 8-10　甜樱桃小冠
分层形

（二）整形过程

1. 小冠分层形整形过程

（1）第一年　苗木栽植后保留 70～80cm 定干。萌芽后，定干剪口下 20cm 内（整形带）的芽保留，其余全部抹除。同时对整形带内的芽进行适度疏间，每株保留 5～6 个萌发芽，要求均匀分布于干的四周。生长季自然生长。

（2）冬剪　由于甜樱桃易产生抽条现象，在较寒冷地区，冬剪宜在第二年春天萌芽前进行。冬剪方法因不同树抽生的枝条数量不同，修剪方法不同。

① 抽生 4 个以上长发育枝（长度均在 80cm 以上）的树，选一直立发育枝作为中心领导干延长枝，保留 70cm 短截，其余枝条选留 3～5 个（以 4 个为宜）均匀分布于干的四周，长放，过多枝条疏除。

② 抽生 4 个以上短于 80cm 发育枝的树，选一直立发育枝作为中心领导干延长枝，下部选留 3～4 个（4 个为宜）均匀分布于干的四周，均长放，过多枝疏除。

③ 抽生不足 4 个发育枝的树，选一直立生长势强的枝作为中心领导干延长枝，保留 15～20cm 短截，其余枝保留 5～10cm 短截，重新促发第一层枝。

（3）第二年　春天萌芽期，根据不同修剪树采取不同管理方法。上年抽生 4 个以上长发育枝的树，在萌芽期，对第一层选留的 3～5 个长发育枝进行拉枝、疏芽。拉枝角度80°～90°，注意从基部拉开。拉枝完成后，疏除背上芽和背下芽，保留两侧芽，芽间距8～10cm（图8-11）。生长季，当保留两侧芽抽生的新梢长15～18cm时摘心（图8-12），摘心后抽生的副梢，待长到5～8cm时反复摘心。通过摘心，可促使新梢基部形成花芽，第二年结果。

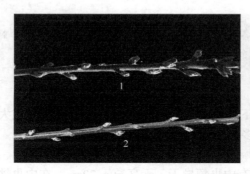

新梢长度达15cm左右摘心

图 8-11　甜樱桃延长枝疏芽
1. 疏芽前　2. 疏芽后

图 8-12　甜樱桃摘心

　　上年抽生4个以上短发育枝和不足4个发育枝的树，第一年冬剪完成后，第二年可自然生长。在第三年按上述方法进行培养。

　　（4）冬剪　　上年中心领导干短截后，第二年一般可抽生3～5个强壮发育枝，选一直立生长势中庸的枝作为延长枝，保留70～80cm短截，在下部选留2～3个发育枝长放作为第二层小主枝。对第一层小主枝两侧摘心处理的枝，如果抽生2个副梢，疏除1个强枝，单轴延伸，如果第一层小主枝两侧抽生的新梢没有及时摘心控长、促花，形成较强的发育枝，要保留基部2节进行极重短截；第一层小主枝的延长枝长放。

　　（5）第三年　　萌芽期对选留的第二层小主枝拉枝、疏芽，对第一层小主枝的延长枝长放、拉枝、疏芽。疏芽方法同上年。生长季第二层小主枝两侧抽生的新梢及第一层小主枝上的新梢长15～18cm时进行摘心，摘心方法同上年。

　　（6）冬剪　　第二年短截的中心干领导枝延长枝，当年可抽生3～5个强壮发育枝，选2～3个生长中庸枝作为第三层小主枝长放修剪，其余疏除。第一、二层小主枝延长枝长放。一、二层主枝上抽生的强发育采用保留2个芽重短截，各类果枝长放。

　　通过3年的冬夏整形修剪，可完成小冠分层形的整形任务，并进入结果期。

　　2. 扇形整形过程　　第一年定植后进行矮定干，高度为25～30cm。定干后当年能抽生3～4个发育枝，第二年休眠期修剪时，选发育最健壮的枝条作为中央主枝不剪或适当轻剪. 再从剩下的枝条中选两个较好的枝条作为侧面主枝的后备枝，进行重短截。每个后备枝一般能发出2～3个发育枝，将其中两个生长较壮的留下，余者在夏季尽早摘心，这样两个后备枝就可发生4条发育枝作为主枝进行培养。角度和位置不合适的可采用拉枝措施进行调整，对全树的枝条一般不截，为填补空间，个别枝条可适当轻剪，到此整形任务基本完成。

二、不同年龄时期甜樱桃树的修剪

　　1. 幼树期的修剪　　幼树时期是指从定植至开花结果前的这段时期，一般为3～4

年。幼树修剪的主要任务首先是根据不同树形的树体结构要求，培养好树体骨架，迅速扩大树冠，促使幼树尽快完成整形。其次是培养骨干枝上的结果枝与枝组。从修剪技术上看，通过冬季短截修剪，促发用于骨干枝培养的强壮枝条；春季拉枝、抹芽与刻芽，调整各类骨干枝的方位与角度，同时促进骨干枝上抽生较强新梢；夏季连续摘心，使骨干枝上抽生的新梢转变成结果枝，并将已形成的结果枝长放，以形成结果枝组。

2. 结果初期树的修剪　　结果初期，是指从开始开花结果到大量结果之前。这个时期整形任务基本完成，修剪的中心任务是缓和树势，加快骨干枝上结果枝与枝组的培养。冬剪时，骨干枝的延长枝全部长放，对骨干枝上抽生的强壮发育枝保留 2～3 芽全部极重短截，各类果枝全部长放。春季萌芽期，对骨干枝的缺枝部位进行刻芽处理，促发较强新梢的抽生。夏季当新梢长到 15～18cm 时，全部进行连续摘心处理，促进结果枝的形成。

3. 盛果期树的修剪　　在正常管理条件下，甜樱桃由初果期到盛果期的过渡年限很短，通常 2～3 年，但管理不当时，时间可能延长。盛果期修剪的主要任务是维持健壮树势和结果枝组的生长结果能力，保证长期高产稳产。

甜樱桃大量结果后，随着年限的加长，树势和结果枝组逐渐衰弱，结果部位外移。应采取回缩更新的手法，促使花束状果枝向中、长果枝转化，以维持树体长势中庸和结果枝组的连续结果能力。总之，进入盛果期的树，在修剪上一定要注意甩放和回缩要适度，做到回缩不旺，甩放不弱。这样培养出来的结果枝组才能结果多、质量好，达到长期稳产壮树的目的。

三、控长促花

与其他核果类果树相比，甜樱桃属于难成花树种。为了早期促进花芽的形成，在整形过程中就应采取以下促花技术，以求甜樱桃树早期形成花芽，早投产。

（一）抹芽与刻伤处理

甜樱桃虽然萌芽率高，但幼树期，叶芽萌发后由于养分分散，只形成叶丛枝（单芽枝）。为促使叶芽或单芽枝萌发后抽生较强的新梢，诱导新梢成花节位芽体产生，形成结果枝。从定植后第二年的幼树开始，可对长放修剪的主枝延长枝及其他发育枝，在萌芽期进行抹芽处理，抹除背上背下芽，保留两侧芽，使两侧芽保持 8～10cm 间距；对已产生的单芽枝，在其上方 0.5cm 处用钢锯条进行刻伤处理。由于养分得到集中，叶芽萌发后可抽生健壮新梢，同时诱导出成花节位的芽，为花芽的形成奠定基础。

（二）摘心

摘心是指当新梢长到 15～18cm 时，摘除新梢的嫩尖（图 8-13）。通过摘心可控制新梢的生长，促使新梢基部数节形成花芽，由营养枝转变成结果枝。在新梢生长势强的情况下，摘心后可促发 1～2 个副梢，对促发 2 个副梢的情况，保留 1 个，疏除 1 个（或保留 2～3 节剪梢），保留下的副梢生长到 5～8cm 时反复摘心。应注意，摘心时，只能摘除新梢的嫩尖，不能采取剪掉

图 8-13　甜樱桃摘心方法

新梢上部数节的方法，否则会促生大量副梢，起不到控制新梢生长、促进花芽形成的目的。

（三）喷施生长抑制剂

对生长势强、中长梢多的结果初期树，可在新梢长到 15～18cm 时，喷施生长抑制剂，控制新梢的生长，促进花芽形成。目前在甜樱桃上喷施的生长抑制剂主要是 PBO，浓度是 150～250 倍。

【知识点】小冠分层形，扇形；甜樱桃常用树形与整形过程，不同年龄时期杏树的修剪技术。

【技能点】表述与甜樱桃整形修剪有关的名词概念；表述设施甜樱桃各种树形与整形技术，修剪技术与控长促花技术。

【复习思考】

1. 简述设施甜樱桃常用树形与整形技术。
2. 简述不同年龄时期甜樱桃树的修剪技术。
3. 简述设施甜樱桃的控长促花技术。

任务三 设施促成栽培技术

【知识目标】掌握甜樱桃设施促成栽培扣棚技术与扣棚后的管理技术；掌握升温时间确定的原则及环境调控指标与调控技术；掌握花果与枝梢管理技术；掌握肥水管理技术；掌握采果后的管理技术。

【技能目标】能够正确完成扣棚操作与扣棚后的管理操作；能够正确掌握升温时间与升温后环境调控操作；能够正确完成花果与枝梢管理、肥水管理；能够正确完成采后各项管理操作。

一、扣棚与扣棚后的管理

参照桃树的扣棚与扣棚后的管理。

二、升温与升温后设施内环境条件的调控

（一）升温时间的确定

升温时间确定的基本原则参照设施桃促成栽培。但由表 8-3 可知，甜樱桃品种的需冷量一般在 1000～1200CU，比桃的需冷量大。因此，在同一地区设施甜樱桃的升温时间比桃晚些。如河北省东北部、山东省烟台、辽宁省大连等地的日光温室甜樱桃，一般在 12 月下旬至翌年 1 月上旬升温。

（二）升温后温湿度调控指标与调控技术

甜樱桃是对设施内温湿度等环境变化最敏感的树种。升温后的温度管理对设施甜樱桃的坐果影响最大，如果升温过快、温度过高，会加快甜樱桃的萌发和开花速度，缩短从升温到开花的时间，但不适宜的高温处理会造成甜樱桃性器官（雌性或雄性器官）的严重败育，使甜樱桃开花后大量落花落果。因此升温要逐渐升温，不要增温过快、温度过高。

温度管理指标：从开始升温到萌芽，白天最高温度控制在 16～18℃，夜间温度 2～3℃；从萌芽至开花初期，最高温度控制在 18～21℃，最低温度 5～7℃；开花期最高温度控制在 20～22℃，最低温度 5～7℃；果实发育期最高温度控制在 22～24℃，不超过 28℃，最低温度 8～12℃。

湿度管理指标：从升温到萌芽，空气相对湿度要保持在 80%～90%，开花期保持在 50%，花后至采收期保持在 60% 左右。湿度过大尤其是花期空气相对湿度过大，会造成树体结露（露水），使散出的花粉吸水涨裂失活或花粉黏滞，扩散困难，生活力低，严重影响坐果。因此调节温室内适宜的空气相对湿度，对甜樱桃的生长发育，特别是坐果至关重要。

温湿度的调控方法参照设施桃。

三、花果与枝梢管理

（一）花果管理

1. 授粉　　设施栽培甜樱桃的授粉可参照设施桃授粉方法进行。但应注意，甜樱桃属于多花树种、多数品种高度异花授粉，并有单向或双向不亲和现象。因此，授粉时应注意以下几点。

① 建园时必须配置好授粉组合，授粉树的比例应保持在 30%～40%。

② 甜樱桃每个花芽中含有 2～3 朵花，整体花量要比桃树大，虽然可以采用人工点授法，但工效较差，最适宜的授粉方法是花期放蜜蜂或壁蜂（图 8-14）。

③ 甜樱桃多数品种为异花授粉品种。采用鸡毛掸滚授时，要注意在主栽品种与授粉品种间交替滚动授粉。

2. 疏花疏果

（1）疏花　　进入盛果期的甜樱桃树，尤其是生长势较弱的树，一般表现花量过大。开花过多，不仅消耗大量营养，影响坐果，同时由于花朵密度过大，影响授粉效果，降低树冠内膛的坐果率。对花量过大的甜樱桃应在开花前进行适度疏花。

图 8-14　甜樱桃蜜蜂授粉

甜樱桃疏花一般采取疏花芽的方法。时期在花芽露萼期（图 8-15）到花序伸出前进行。每个短果枝或花束状果枝保留 3～4 个花芽，中长果枝保留 5～6 个花芽。疏花时，疏除萌发程度低的花芽。

（2）疏果　　设施栽培的甜樱桃若坐果过多，不仅果小，而且着色不良，收获期也推迟。因此，一般在盛花后两周，生理落果之后进行疏果。疏果时，根据不同树势，一

表 8-3　甜樱桃常见设施栽培品种花芽、叶芽的需冷量（CU）

品种	年份	花芽	叶芽
红灯	1996	1170	1170
	1998	1240	1200
	1999	1900	1190
红艳	1996	1100	1100
	1998	1100	1100
	1999	1100	1100
早红宝石	1996	—	—
	1998	940	900
	1999	910	900
决择	1996	—	—
	1998	1000	920
	1999	970	970
乌梅极早	1996	—	—
	1998	1100	1000
	1999	990	950

图 8-15 甜樱桃疏花

般每个花束状果枝或短果枝保留 4～5 个果，中长果枝保留 6～7 个果。

（二）枝梢管理

结果期间枝梢的管理首先是在树体内合理分布结果枝组和新梢，保证树冠中下部光照。同时通过控制新梢的生长，提高坐果率、增大果个，改善品质。

具体做法有：①除萌疏枝。将剪锯口处、树冠内膛萌发的多余新梢及早抹除，以节省营养，并防止枝条密生郁闭，影响通风透光。②摘心。当新梢长到 15～18cm 时，进行反复摘心，控制新梢生长，提高坐果率，促进果实生长。

盛果期甜樱桃树，随着果实的生长，在果实重力的作用下，主枝、长型枝组等会产生下弯、扭曲等位移现象，造成局部枝量过密，影响下部枝叶受光量、造成空间浪费等。因此，要根据大枝的位移情况，随时通过吊枝或顶枝方法，使大枝合理分布，以增加树体的整体受光量，维持良好的树体结构。

四、肥水管理

结合甜樱桃需肥特点，盛果期设施甜樱桃升温后到果实采收前追施 2 次肥，灌 3～4 次水。

第一次施肥在升温后 10d 内完成，此次施肥以氮肥为主，每亩施尿素 25kg＋三元复合肥 20kg。施肥方法多采用浅沟法，即在树盘内间隔 20～30cm 开 10cm 深的多段浅沟，把混合好的肥料均匀地撒在沟内覆好土。施肥后灌一次大水（40～50mm）。待土壤疏松后进行松土，松土后进行地膜覆盖。覆盖地膜，只覆盖树盘，畦埂不要覆盖，以防设施内空气湿度过低，造成枝干失水，影响萌芽。

第二次施肥在落花后进行，此次施肥应以磷钾肥为主，每亩营养面积施 25kg 硫酸钾＋25kg 三元复合肥，施肥后灌中水（20～30mm）。

甜樱桃对水分比较敏感，既怕旱又怕涝。另外在果实发育期间，如果前期干旱，后期水大易造成甜樱桃裂果。因此，在甜樱桃的整个果实生长期，一定要注意水分的均衡供应。除结合施肥进行的二次灌水外，根据土壤墒情可在开花前 10～15d 和硬核期增加 2 次灌水。

五、果实采后管理

（一）卸膜

卸膜操作可参照设施桃。

（二）肥水管理

每年设施甜樱桃撤掉棚膜后的 6 月下旬到 8 月间，多因撤膜后叶片受到太阳光的直接照射及空气湿度过低，树体蒸发水分量与根系吸收量失衡，叶片严重老化而落叶。为防止甜樱桃树叶片老化落叶，恢复树势，果实采收后每株盛果期甜樱桃树施 2～3kg 豆粕，以利根系快速生长，平衡地上部水分蒸发与根系对水分的吸收。施入方法，可采用树盘下撒施，施后浅翻5～10cm深，把豆粕翻于地下，灌水。

　　6月中下旬甜樱桃根系逐渐恢复后，每亩施尿素5～7.5kg，灌水。7～8月份要进行多次灌水，灌水采用少量多次，以保证土壤较充足的水分供应，同时起到提高空气湿度、降低温度的作用，防止叶片老化脱落。

　　甜樱桃对水分非常敏感，雨季注意排水防涝。

　　在9月上中旬施基肥。基肥的种类为各种充分腐熟的有机肥。每亩放入4～6m³，施肥方法可采用畦面撒施浅翻或放射沟、平行沟施肥法。

（三）生长季枝叶管理

　　甜樱桃虽然长、中、短果枝及花束状果枝均可结果，但只有越冬芽抽生的新梢才能形成大量的花芽。即升温后果实发育期间抽生的30cm以下的新梢是甜樱桃结果枝形成的基础枝条，这些新梢从果实采收后到秋季不再次生长、不落叶，多数可转变成结果枝。

　　因此，甜樱桃果实采收后生长季地上部枝叶管理的主要任务：首先是保证树冠中下部中短梢适宜的受光量，通过对各主枝枝头、各枝组枝头新梢生长势的调控，维持中下部中短梢一定的生长势，既不使其生长势过强而再次生长，又不要因枝头新梢过多、过强造成中下部中短梢生长势过弱、受光量不足而早期落叶。具体修剪时，首先根据树冠中下部及内膛整体受光情况对大枝进行调整，枝量过多、中下部及内膛受光量严重不足的树，要疏间过多的大枝及大枝外围过多强分枝，引光入膛。疏枝时疏除过强（粗度大于母枝粗度的1/2）和过弱的大枝，保留中庸大枝（枝粗为母枝粗度的1/4～1/3）。对过长、过高或因结果下垂的大枝，在中部适宜部位进行回缩，控制树体的高度与冠径，维持大枝合理的角度。其次是调控好各主枝、枝组先端新梢的生长势与数量，控制大枝背上强壮新梢的生长，防止产生徒长枝。各主枝、枝组先端应选向外斜生中庸新梢作为为延长梢，对延长梢下部第二、三芽产生的竞争梢，通过疏枝、摘心及扭梢等方法加以控制。各主枝、枝组延长梢可通过连续摘心方法控制其延伸速度，对无延伸空间的树，可在延长梢生长到一定长度（40～50cm）后，在下部选一斜生中庸梢作为新的延长梢进行回缩，通过延长梢的放与缩，维持一定的生长空间与生长势，改善中下部中短梢的受光量，防止早期落叶，实现设施甜樱桃的连年丰产。

【知识点】设施甜樱桃扣棚与扣棚后的管理，升温与升温后温度、湿度调控指标，升温后的花果管理、枝梢管理、肥水管理及采后管理。

【技能点】表述甜樱桃设施促成栽培扣棚时间确定的原则与扣棚后的管理技术、升温时间确定的原则与升温后各项管理技术与采果后生长季管理技术。

【复习思考】

1. 如何确定甜樱桃设施促成栽培扣棚的时间？扣棚后如何管理？
2. 如何确定甜樱桃设施促成栽培的升温时间？
3. 简述设施甜樱桃升温后的温湿度管理指标。
4. 简述设施甜樱桃树的花果管理技术、枝梢管理技术与肥水管理技术。
5. 设施促成栽培甜樱桃果实采收为什么不能按照桃的方法进行采后修剪？生长季地上部枝叶如何管理？

主要参考文献

边卫东. 2001. 大樱桃保护地栽培100问 [M]. 北京：中国农业出版社.

边卫东. 2005. 桃保护地栽培100问 [M]. 北京：中国农业出版社.

边卫东. 2005. 桃生产关键技术百问百答 [M]. 北京：中国农业出版社.

陈杰. 2009. 李树整形修剪图解 [M]. 北京：金盾出版社.

傅耕夫，段良骅. 1984. 桃树整形修剪 [M]. 北京：农业出版社.

傅耕夫. 1982. 桃树整形修剪 [M]. 北京：农业出版社.

高东升，束怀瑞，李宪利，等. 2001. 几种适宜设施栽培果树需冷量的研究 [J]. 园艺学报，28（4）：283-289.

河北农业大学. 1984. 果树栽培学各论（北方本）[M]. 2版. 北京：农业出版社.

河北农业大学. 1985. 果树栽培学总论 [M]. 2版. 北京：农业出版社.

姜卫兵，韩浩章，汪良驹，等. 2003. 落叶果树需冷量及其机理研究进展 [J]. 果树学报，20（5）：364-368.

蒋锦标. 2012. 李、杏优质高效生产技术 [M]. 北京：化学工业出版社.

李宪利，袁志友，高东升. 2001. 影响落叶果树芽休眠的因素 [J]. 山东农业大学学报（自然科学版），32（3）：386-392.

刘俊. 2012. 北方葡萄减灾栽培技术 [M]. 石家庄：河北科学技术出版社.

孟新法，陈端生，王坤范. 1998. 草莓保护地栽培150问 [M]. 北京：中国农业出版社.

王海波，王孝娣，王宝亮，等. 2009. 中国果树设施栽培的现状、问题及发展对策 [J]. 农业工程技术·温室园艺（8）：39-42.

小林章. 1983. 适地适栽果树环境论——日本的风土条件与果树栽培 [M]. 曲泽洲，冯学文，译. 北京：农业出版社.

修德仁，商佳胤. 2012. 葡萄产期调节技术 [M]. 北京：中国农业出版社.

张英杰，焦雪辉，王舒藜，等. 2010. 中国设施果树区域发展 [J]. 温室园艺（8）：94-100.

赵常青. 2011. 现代设施葡萄栽培 [M]. 北京：中国农业出版社.

赵春生，石磊，等. 1998. 草莓设施栽培 [M]. 北京：中国林业出版社.

周晏起，卜庆雁. 2012. 草莓优质高效生产技术 [M]. 北京：化学工业出版社.